오성 사육양식 시리즈 13

미꾸리
뱀장어
양식

장계남 편저

오성출판사

늘어나는 인구, 증가하는 소득과 비례해서 국민들의 식생활도 이전과는 그 수준이 크게 달라졌다. 식단을 살펴보면 이전과는 비교할 수 없으리 만큼 그 메뉴가 풍성해진 것만은 사실이다. 특히 육류의 소비 면에서 본다면 그 소비율 증가는 가히 폭발적이라고 말할 만하다. 그러한 육류소비의 증가와 더불어 국민체위가 크게 향상된 것도 부인하지 못할 사실이다.

그러나 그많은 육류의 수요량을 국내 생산량만으로는 충족시킬 수 없다는 안타까움이 있다. 한정된 국내의 목장에서 육성, 생산하는 육류로 국민의 육류 소요량을 충족시킨다는 것은 현 수준에서는 희망적이 못하다. 그래서 정부에서는 매년 막대한 외화를 들여 육류를 수입해서 공급하고 있는 실정이다.

다행히 우리나라는 삼면이 바다로 둘러싸여 있고, 내수면도 또한 충분한 입지조건을 갖추고 있다. 그래서 뜻있는 이는 이 해양과 내수면을 충분히 활용하여 국민들에게 충분한 동물성 단백질을 공급하려는 연구를 활발히 진행하고 있다.

이러한 관점에서 우리는 특히 내수면의 활용과 담수어의 생산증대라는 명제를 놓고 이 책을 감히 세상에 내놓는 바이다.

본서는 국민보건 향상에 이바지한다는 분들에게 미꾸리 및 뱀장어 양식지침의 구실을 담당할 수 있을 것이라는 데에도 그 뜻이 있다.

모쪼록 깊이 활용하여 독자 여러분의 뜻하시는 목적이 이루어지길 바라는 바이다.

장 계 남

c o n t e n t s

Part1. 미꾸리 양식

contents

Part2. 뱀장어 양식

contents

part 1

미꾸리 양식

{제1장

양어(養魚)의 기초 지식

제1절 양어(養魚)의 필요성

일찌기 말더스(Malthus)는 그의 저서 인구론(人口論:1798)에서 세계의 인구는 기하학적으로 증가하고, 식량생산은 산술학적으로 증가한다고 주장하여 머지않은 장래에 인류는 심각한 식량난에 봉착한다고 예언한 바 있다. 이를 뒷받침하듯이 한 저명한 보고서(Report of the U. S. President's Science Advisory Committee;1967)는 다음과 같이 보고하고 있다. 즉 세계 인구는 1976년 중반에 이미 40억이 되었고, 1980년에 43억, 1990년에 51억 그리고 2000년에는 170억에 육박할 것이며, 그 중 약 30%가 동남아 지역의 인구라고 하는 것이다.

이와 같은 인구의 폭발적인 증가는 필연적으로 식량의 부족을 가져오게 된다. 따라서 식량의 증산을 위해서는 수산물의 생산 증대를 위한 품종개량, 생

[표 1-1] 국내 내수면 양식어업 현황
(2000. 1. 1 현재)

구분	계	향 어	뱀장어	가물치	메기	미꾸리	잉어	기 타
어가수 (호)	62		5	6	29	18	3	1
면적 (m²)	158,090		26,769	11,832	74,131	35,546	8,855	957

(내수면 연구소 통계자료)

산성 제고 등 가능한 한 온갖 수단과 지혜를 다 동원해야 함은 물론이다. 특히 육지의 식량 생산에 한계가 있으므로 지구표면의 7할을 차지하고 해양과 지구표면적의 0.5%를 차지하는 약 250만 ㎢의 내수면 개발을 적극 개발해야 한다.

제2절 우리나라 양어의 필요성

일반적으로 성인은 1일 약 2,500㎈가 필요한데, 이 중 탄수화물 즉, 곡물인 밥 외에 최소한 20g 이상은 필수적으로 동물성 단백질을 섭취해야 한다. 보건상으

[표 1-2] 영양분석표

영양(%) 육명	수 분	단백질	지 방	회 분
• 잉　　어	67.0	22.4	9.0	1.3
• 붕　　어	77.0	16.7	3.4	2.9
• 은　　어	78.5	17.0	3.0	1.4
• 송　　어	71.0	22.0	5.2	1.4
• 연　　어	71.0	22.0	5.3	1.4
• 미 꾸 리	76.0	19.3	1.9	2.5
• 뱀 장 어	64.1	16.2	1.2	0.8
• 가 물 치	78.5	19.8	0.4	1.3
• 메　　기	81.2	16.8	1.2	0.8
• 고 등 어	76.0	18.0	4.0	1.7
• 도 루 묵	80.6	14.0	4.3	1.1
• 명　　태	81.0	16.6	0.6	2.6
• 멸　　치	74.4	16.7	6.0	2.6
• 소 고 기	62.5	18.6	18.0	0.9
• 돼지고기	69.3	17.8	10.5	2.4
• 닭 고 기	73.5	20.7	4.8	1.3
• 개 고 기	76.8	19.3	3.0	1.1
• 토끼고기	74.3	17.0	7.8	1.0

(고대식품공학과 유태종 교수)

로는 정상적인 성인 1인이 하루 50~60g의 동물성 단백질을 섭취해야 한다.

따라서 우리나라 국민보건상 원활한 동물성 단백질을 공급하려면 우리나라의 축산업과 수산업의 생산량을 두 배 이상 증가시켜야 한다는 결론이다. 그러나 축산업은 여러 가지 조건에 비추어 보아 단시일내에 그 생산량을 증대시키기 어렵다. 결국 부존자원이 풍부한 해양과 내수면에서의 수산물 증산이 고무적이라고 할 수 있겠다.

특히, 우리나라는 하천을 비롯하여 저수지, 댐, 호수 등 풍부한 내수면(內水面)을 갖고 있을 뿐 아니라, 연간 약 100일간 물이 차 있는 논까지 있어서, 과학적인 양어(養魚)를 한다면 그야말로 국민식생활 향상에 커다란 진전이 있을 것이다.

그러나 아무리 국민보건 향상에 필요한 일일지라도, 개인이 양어를 하기 위하여는 적절한 수입이 보장되어야 할 것이다. 물론 전문적으로 양어를 하기 위해서는 시설과 설비 및 자본이 필요하겠으나, 생산수익성이 높은 미꾸리 및 일반적인 담수어 양식이 부업으로써 어떻겠는가를 살펴보고자 한다.

첫째, 적은 자본과 간단한 시설로 가능하다.

양어를 부업으로 하거나 소규모의 본업으로 하기 위한 자본과 시설은 해양수산부에 의하면 총 면적 6,600㎡면 가능하며 그 내역은 다음과 같다.

양어지(養魚池)의 총 수면 면적은 3,293.4㎡이며, 이는 2개의 친어지(親魚池) 706.2㎡와 3개의 산란지(産卵池) 99㎡(33㎡×3) 그리고 사육지(飼育池) 4~5개에 2,488.2㎡ 및 약간의 축양지(蓄養池)와 3.3~6.6㎡의 부화지(孵化池) 몇 개로 구성된다. 이에 들어가는 자본은 토지 구입비를 제외하면 300~500만 원 정도이다. 그러나 이미 있는 못이나 웅덩이를 이용한다면 자본은 치어(稚魚)구입비와 사료보충비 등 십만 원이면 족하다.

둘째, 양어는 본업인 농사 중 여가를 이용할 수 있다.

양어시설 외에 방양(放養)과 수확할 때 노력이 어느 정도 필요하나, 평소에는 사료공급과 물을 조절할 수 있는 정도의 노력이면 충분하므로 노인이나 부녀자도 충분히 양어를 할 수 있다. 또 웅덩이나 논 등에서 자연스럽게 기르는 경우는 천연사료 즉 플랑크톤 등으로 자라므로 사료 공급은 따로 할 필요가 없다.

셋째, 깊은 지식이나 정교한 기술이 없어도 기를 수 있다.

치어(稚魚)를 직접 생산하는 경우는 시설도 막대하고 경비와 기술이 많이 필요하게 되므로 어미로부터 자연산란을 하게 하거나 자연산 치어를 수집해서 사육할 수 있고 또 국·도립 양어장에서 실시하는 양어 강습이나, 경험담 또는 적당한 양어 입문서에 의해서 양어 전문 기술을 습득하면 대략 1~2년 내에 요령을 터득할 수 있다.

넷째, 자본회수가 빠르고 상당한 수입이 나온다.

대도시의 시장이나 요식업자와 계약을 맺으면 연중 판매가 가능하고 최근에는 일본 등지로 수출할 수 있다. 특히 뱀장어, 미꾸리, 은어 등은 물량이 달릴 정도이다. 그리고 잉어, 붕어, 초어 및 미꾸리 따위는 만 2년이면 식용하기에 적당한 크기로 성장하므로 그만큼 자본의 회수가 빠르다. 그 중 미꾸리는 실제로는 생후 1년생이 가시도 연하고 맛도 좋아 식용에는 최적이다.

미꾸리는 옛날에는 논이나 배수로 또는 웅덩이 등지에서 손쉽게 잡을 수 있었으나 최근에는 농약의 살포 또는 각종 수질오염 폐수로 말미암아 손쉽게 잡을 수 없게 되어 자원이 감소일로에 있는 실정이다.

참고로 해양수산부 통계 연보의 미꾸리 생산을 보면 [표 1-3]과 같다.

자연산 미꾸리의 어획생산은 크게 감소되고 있으나 양식산은 크게 신장되지 못하여 수요시장에 대한 양식생산에 관심이 모아지고 있다.

따라서 근래에는 부업이나 전업으로의 미꾸리 양식을 시도해 보고자 하는 사람이 많으며 현재 전북의 부안, 김제, 고창, 충남의 강경, 논산, 합덕, 당진지역 등 전국 일원에서는 이미 도전양식(滔田養殖) 등을 시도하고 있다.

양식 기술개발 중에는 특히 인공 종묘생산의 기술개발이 가장 큰 문제이며, 인공 종묘생산에서도 부화 후 초기의 먹이 개발이 가장 중요한 문제가 되고 있다.

양어가들 중에는 비타민C나 EPA배합사료 등을 이용하여 종묘를 생산하고 있으나 사육관리 문제 등으로 종묘를 대량 생산하지 못하고 있는 실정이다.

[표 1-3] 미꾸리의 연도별 생산량 (단위 : 톤)

연도별 구분	'91	'92	'93	'94	'95	'96	'97	'98
계	692	599	571	478	327	816	753	640
어로	652	559	484	419	327	268	172	105
양식	40	40	87	59	–	548	581	535

연도별 구분	'99	'00	'01	'02	'03	'04	'05	'06
계	463	644	644	398	974	1,837	1,953	772
어로	31	0	2	0	6	0	1	0
양식	432	644	642	398	968	1,837	1,952	772

(해양수산부통계 연보자료)

또한, 종묘생산에도 미꾸리가 좋아하는 생활환경, 식성 등을 잘 이해하고 도피성, 해적생물 등을 철저히 파악해서 피해를 보지 않아야 하며 좋은 여건을 많이 찾아서 생산성을 크게 향상시키도록 노력해야 하겠다.

우리나라 사람들은 미꾸리를 특히 좋아하고 농촌에서 많은 유휴토지가 이용될 수 있으며 담수양식어 중에서도 소자본으로 양식이 가능하므로 양식기술개발의 확립이 기대된다.

제3절 양어(養魚)의 기본 지식

이 책은 미꾸리 양식에 관한 책이다. 그러나 미꾸리 양식이라고 해서 그 양어방법이 미꾸리 양식에만 국한한 특별한 방법이 있는 것은 아니다. 물론 미꾸리 양식에서는 미꾸리의 특성에 의해서 몇 가지 점은 특별히 관심을 두어야 하는 면도 있으나, 이 절에서는 일반적인 양어에 있어서 우리가 알고 있어야 할 기본적인 지식을 전달하고자 한다. 그것이 미꾸리 양식을 위해서나 더 나아가 미꾸리 외의 다른 어종 양식을 병용할 경우에 보다 나은 기본 지식이 될 수 있을 것이기 때문이다.

1. 담수양어(淡水養魚)의 분류

(1) 경영방법에 의한 분류

① 조방적 양어(粗放的 養魚)

하천, 저수지, 웅덩이 등 자연적인 담수를 이용하는 양어이다. 이는 비교적 적은 자본을 투자하여 효과를 얻을 수 있는 장점이 있으나, 자연적인 수면을 이용하는 것이므로 아무래도 합리적인 경영에는 어려움이 따른다.

② 집약적 양어(集約的 養魚)

자연적이든 인공적이든 일정한 구획을 한 수면에서 계획적인 경영을 하는 양어 방법이다. 사육하는 어종의 습성에 따라서 일정하게 구획하고 계획된 설비에서 하는 양어이므로 품종과 품질의 개선, 해적의 제거와 방어, 적기 출하 등 합리화된 경영이 큰 장점이다. 그러나 시설비 등 자본의 투하량이 조방적 양어보다 크다.

(2) 이용수체(利用水體)에 의한 분류

민물고기의 양식에 이용되는 수체(水體)는 자연적인 수체(하천, 호수, 웅덩이 등)와 인공적인 수체(댐, 저수지, 양어지, 논 등)로 나눌 수 있다.

물론 이러한 수체에 조방적 어업을 하느냐 아니면 집약적 양어를 하느냐는 각 양식업자가 선택할 문제이나, 다만 문제는 각 수체의 생활환경에 가장 알맞은 어종을 선택해야 한다는 점이다.

끝으로 수전(논) 양어에 있어서는 모내기 후 7~10일에 약간의 시설을 한 후 붕어, 미꾸리, 잉어 등을 기를 수 있는데, 여기서도 천연사료로 키우는 조방적 방법과 여기에 약간의 인공사료를 공급하는 집약적 방법을 사용할 수 있다.

2. 양어사업의 주요 요소

(1) 사업계획

어떠한 사업이든 일단 시행에 앞서 그 사업에 대한 계획이 수립되어야 한다. 양어사업에 있어서도 일단 면밀한 계획을 수립하여 그 계획에 의하여 '꼭 성공하고야 만다.'는 신념을 가지고 실천해 나가야 할 것이다.

사육할 어족은 무엇인가, 설비는 어떻게 할 것인가, 본업으로 할 것인가 아니면 부업으로 할 것인가, 이용할 수체(水體)에 관한 권리자는 누구인가(이는 이권에 관계되는 일이므로 반드시 확인하고 정당하게 사용할 권리를 얻어 놓아야 할 것이다.), 사료의 구입과 저장은 어떻게 할 것인가 등 양어에 관한 한 사소한 문제라도 빠뜨리지 말고 면밀히 검토하여 계획을 수립해야 할 것이다.

(2) 양어적지(養魚適地)의 선정

양어를 하기 위하여는 두말할 것 없이 물이 있어야 한다. 그러므로 선택한 어종에 따라 차이가 있겠으나 어찌 되었건 수량이 풍부하고 수온이 적당하여야 한다. 일반적으로 온수성 어족은 20℃ 이상, 냉수성 어족은 20℃ 이하, 열대성 어족은 25℃ 이상의 수온이 적합하다.

수량은 일반적으로 풍부한 것이 좋으나 오염되지 않은 물이어야 한다. 지리적 조건은 물 빼기와 넣기에 편리하여야 하는데, 물밑 토지의 경사도는 1/300~1/400 정도가 무난하나 유수양어(流水養魚)인 경우는 1/100 이상의 경사도가 되어야 한다.

(3) 어묘(魚苗)의 조달

어묘는 양식에 사용되는 새끼고기 즉 치어(稚魚)를 말하며, 종묘(種苗)라고도 부른다. 어묘는 양식의 근본이므로 품종 및 계통의 우열과 크기의 균일, 불균일 등은 양어사업의 성공에 크게 영향을 미친다. 그러므로 가까운 곳의 믿을만한 양어장이나, 국립내수면 연구소 또는 도립개발시험장에서 분양 받는 것이 좋다. 그러나 뱀장어나 숭어의 양식인 경우는 실뱀장어와 숭어가 올라오는 하구 지방에서 채집할 수 있다.

어묘의 크기도 사육목적에 따라 달라지고, 어종에 따라서는 구입하여 운반하는 때가 달라지기도 하므로 이에 대한 세심한 주의도 필요하다.

(4) 사료(飼料)의 구입과 저장

양어에 있어서 사료비의 비중은 다른 어떤 경비보다도 커다란 비중을 차지한다. 따라서 값이 싼 사료를 마련한다는 것은 대단히 중요하다. 따라서 싸고, 영양가가 높고, 소화흡수가 잘 되고 저장을 오래해도 변질될 우려성이 적은 사료가 바람직하다. 각 어종에 따라 손쉽게 마련할 수 있는 사료를 연구·개발할 필요가 있다. 근래에는 우리나라에서도 미꾸리용 배합사료도 생산되고 있을 뿐 아니라 미국·일본 등에서 이런 점들을 고려하여 충분한 조건을 갖춘 배합사료를 생산하고 있고, 어종에 따라서는 성장의 각 단계에 맞춘 고유 어종의 배합사료도 생산하고 있으므로 초보자는 일단 이러한 사료들을 이용할 수 있을 것이다. 농사를 하는 분이라면 농산물 중 잉여물자를 적절히 이용할 수도 있을 것이다.

(5) 관리와 판로(販路) 문제

양어지에 치어를 넣고 사료만 준다고 해서 양어를 한다고는 할 수 없다. 다른 사업과 마찬가지로 식용으로 할 수 있을 만큼 다 자랄 때까지는 한시도 그 관리를 소홀히 해서는 안된다. 병은 없는지, 정상적으로 자라고 있는지, 수질이 오염되지는 않았는지 등등 주의깊게 관찰하고 이상이 있으면 그때 그때 적절히 조치해야 한다.

끝으로 양식의 최종목표는 역시 수입이므로 판로를 개척 또는 확보함은 양식사업의 성패가 달려 있는 중요한 문제이다. 어업협동조합이나 공판장 등에서의 판매도 적극적으로 알아보고, 수산물시장이나 요식업자에게 식용으로 또는 낚시터 등에 미끼용으로 다양한 판매처를 개발해야 한다.

미꾸리, 뱀장어, 은어 따위는 우리나라의 오랜 기호식품의 어종일 뿐 아니라 경제가 좋아지므로 따라서 수요가 달리고 있는 실정이다.

3. 양어지(養魚池)의 시설

못은 사육 어족의 종류와 크기 및 수량 그리고 경영규모에 따라서 넓이, 깊이, 구조 따위가 달라지게 마련이다. 예컨대 가물치의 못은 작은 것이 좋고, 미꾸리나 뱀장어의 못은 도망가는 것을 방지하는 시설이 필요한 것 따위이다.

못은 어떤 경우이든 단위 면적에 최다수의 고기를 건강하게 기를 수 있고 도망과 누수를 방지할 수 있도록 설계되어야 한다. 또 못은 관리하기 편해야 하고 잡을 때도 시간과 노력이 절약되게 설비되어야 한다.

못의 밑면은 주수구(注水口:물을 넣는 곳) 쪽을 높게 하여 서서히 기울어져 배수구(排水口:물을 빼는 곳) 쪽을 가장 낮게 설계한다. 다음에 양어지의 부분적 설비와 구조의 일반적인 설계를 살펴보고자 한다.

(1) 수로(水路)

수로는 주수로(注水路)와 배수로(排水路)로 크게 나눌 수 있다. 주수로는 수원으로부터 못까지 물을 끌어오기 위한 것이며, 배수로는 못으로부터 물을 빼기 위한 수로인데, 주수로에는 여러 가지 부속장치가 필요할 때도 있다. 즉, 침전물이나 부유물을 걸러내는 장치나 수량을 조절하는 수문 등이 그것이다.

수로는 시설경비나 수원의 종류, 위치 따위를 고려하여 편리한 대로 설치하면 된다. 다만, 자갈이나 낙엽 기타 침전물이나 부유물 등 찌꺼기를 제거하는 장치가 필요하다.

찌꺼기 제거장치는 [그림 1-1]과 같이 수로의 중간에 가동식으로 설치할 수도 있고, [그림 1-2]와 같이 수문에 망을 설치할 수도 있다.

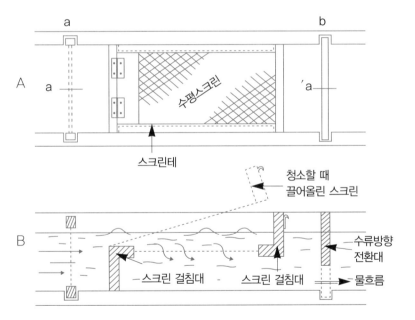

[그림 1-1] 수로 중의 가동식(可動式) 찌꺼기 제거상(Huet)

A : 평면도   B : A의 단면도
a : 대형찌꺼기 거름망   ′a · b : 판자 및 물흐름 방향 조정대

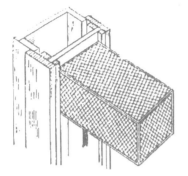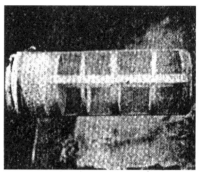

| (a) 수문에 설치한 찌꺼기를 거르기 위한 시설(Huet) | (b) 파이프 끝의 망 설치 |

[그림 1-2] 도피방지망의 일례

이러한 구조물은 비스듬히 경사가 져야 청소할 때 편리하고, 또 물이 통과하는 면적을 가능한 한 넓게 하는 것이 좋다.

배수로는 주수로 반대편에 설치되어야 하고 또한 배수에 편리하도록 못의 어느 곳보다 낮은 곳을 택해야 한다. 배수로는 충분히 크게 만들어 호우 등 비상 시 충분히 대처할 수 있도록 해야 하며, 물이 넘칠 때 고기가 도망가지 못하도록 철망 따위로 대비하도록 설계되어야 한다.

(2) 수문(水門)

수문에도 주수문과 배수문이 있다. 수문은 못의 수심과 수량을 조절하고 고기의 도망과 해적(害敵)의 침입을 막는 중요한 시설이다.

주수문과 배수문의 위치는 일반적으로 대각선의 지점에 만든다. 그러나 얕은 못이라면 주수문 가까이에 배수문을 만드는 것이 배수하고 고기를 잡을 때 편리하다. 이때의 주수는 파이프를 통해 하는 것이 편리하다.

또한, 주수문과 배수문이 대각선 위치에 있지 않으면 물이 잘 유통되지 않아 물속의 산소량이 적어져 물고기 성장에 나쁜 영향을 미치게 된다. 만약 못이 직렬식으로 되어서 다른 못에서 쓴 물을 다시 받아서 쓰게 될 경우는 그 물에 산소를 공급해 주는 장치가 필요하게 되는데, 이러한 장치를 폭기장치(曝氣裝置)라고 한다.

이 폭기장치는 [그림 1-3]과 같은 장치가 일반적으로 사용된다. 즉, 주수문에서 들어오는 물이 떨어지는 곳에 A와 같은 장치나 B와 같은 V자형 장치 또는 C와 같이 폭포식 장치를 하여 물이 소용돌이 치거나 폭포를 이루어 공기 접촉을 많이 하게 한다.

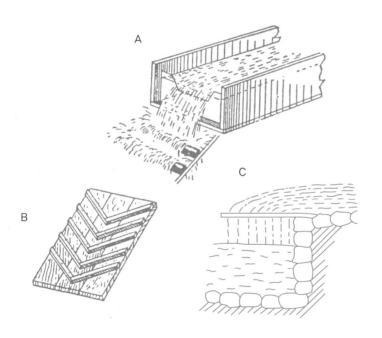

[그림 1-3] 여러 가지 폭기장치

A : 옆으로 각재를 장치한 폭기장치   B : V자형으로 각재를 장치한 폭기장치
C : 물고기의 도피 방지와 폭기를 위한 장치

배수문은 못속의 물고기가 밖으로 나가기 쉬운 곳이므로 그 구조에 세심한 주의를 기울여야 한다. 배수문의 설계방식은 여러 가지가 있으나 여기서는 전승관씨가 개발한 주수거름대 장치를 소개하기로 한다. [그림 1-4]에서 보는 바와 같이 못속의 한 쪽에 약 1㎡의 콘크리트 상자 속에 조약돌을 2/3(약 60~70㎝) 높이까지 채우고 상자의 3면에 배수관에서 나오는 물이 충분히 빠질 수 있도록 주수관(직경 10㎝ 정도로 여러 개)을 만든다. 배수관에서 나오는 물은 조약돌 상자에서 여과되어 못으로 들어오게 된다. 이때에 조약돌 상자는 밑바닥에서 충분히 떨어져 위치하는 것이 좋다.

(1) 평면도

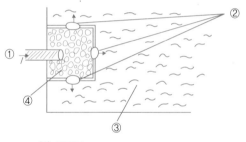

(2) 단면도

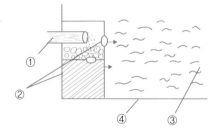

[그림 1-4] 전승관식 주수장치

① 주수관(배수관) ② 배수구 ③ 연못물
④ 콘크리트 상자(크기 1㎥) 속에 조약돌이 있고 배수구멍이 3~4개(②) 있다.

(3) 모임못

모임못은 집수지(集水池)라고도 하는데, 물고기를 잡을 때 편리하도록 하기 위한 장치이다. 모임못은 배수구가 있는 못의 가장 깊은 장소에 만드는데, 배수구로부터 물을 빼내면 물고기가 이 곳으로 모이게 되어 손그물이나 쪽대로 잡기가 편리하다. 모임못은 나무판자나 콘크리트로 오목하게 만들면 된다.

(4) 못 둑

못의 둑은 진흙, 돌, 콘크리트, 판자 등으로 만들 수 있으나 토질이나 경비문제를 고려하여 선택한다. 콘크리트나 돌로 만들면 견고하고 해적의 침입이나 물의 새어나감을 방지하기에 적합하나 비용이 많이 들고 개조하기가 어려운 단점이 있다.

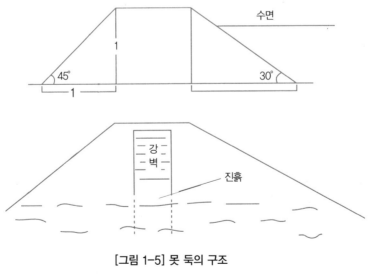

[그림 1-5] 못 둑의 구조

위 : 못 둑의 경사   아래 : 강벽

흙으로 못 둑을 만들 경우의 못 둑의 경사는 높이 1에 대하여 밑변을 1~1.5 배로 한다. 그리고 모래가 많은 장소이면 못 둑 가운데에 진흙을 다져가면서 채우는데 이를 강벽이라고 한다.

판자를 사용하여 못 둑을 만들 때에는 군데군데에 말뚝을 박아 판자가 물에 썩어 파손될 때 못 둑이 붕괴되는 것을 방지하여야 한다.

뱀장어, 미꾸리 또는 자라를 기르는 못의 둑에는 'ㄱ'자로 판자나 함석을 설치하여 도망을 방지하여야 한다. 그리고 해적의 침입을 막기 위한 적절한 조치도 함께 하면 매우 유용하다.

(5) 못 깊이와 못 바닥

못의 깊이와 바닥은 목적과 토질에 따라 여러 가지일 수 있다. 부화지(孵化池)와 치어지(稚魚池)는 얕아도 되지만 월동지(越冬池)는 깊어야 한다.

못이 가두어둔 물이라면 1m 내외의 깊이가 적당하고, 흐르는 물이라면 좀 더 깊은 것이 좋지만 2m가 넘으면 물고기를 잡는 데 불편하다. 못의 물이 잘 빠져나가는 곳이 있으면 심한 곳은 방지해야겠지만 밑바닥에서 물이 빠지는 것은 시일이 갈수록 자연히 방지된다. 모래나 조약돌이 있는 못이라도 2~3년 이 지나면 자연히 누수가 방지되기도 한다.

못 안에서 냉수가 솟아나오는 경우는 생산량이 감소되는 일이 많으므로 점토로 막아주어야 한다. 그리고 콘크리트로 못 바닥을 시설한 경우는 물을 뺀 후 소독이나 청소에 편리하므로 산란지나 부화지에는 매우 적합하나, 물벼룩이나 윤충 등 천연먹이의 발생과 번식에는 좋지 않으며, 또 미꾸리나 뱀장어 및 자라 등의 동면에도 부적당하다.

(6) 물넘기와 옆물길

양어장은 홍수 대비책이 반드시 필요하다. 즉 수위(水位)가 높아졌을 때 자동으로 여분의 물이 넘쳐 나가도록 필요한 장치를 하여야 하는데, 이러한 장치를 물넘기(overflow)라고 한다.

수위가 얕고 수량이 적은 곳은 못 둑을 일부분 깎아내리고 대발이나 그물을 장치하여 물고기의 도망을 방지할 수 있도록 하면 되지만, 수량이 많고 규모가 큰 못이면 콘크리트로 견고하게 만든다. 물고기의 도망을 방지하는 장치도 철강망으로 굳건히 하면 이상적이다.

한편, 못속의 물이 필요 이상으로 증가하지 못하도록 옆에 물길을 만들어 못물이 일정 수위에 도달하면 그 이상 유입되는 물은 자연히 못 밖으로 나가게 되는데, 이러한 물길을 옆물길이라고 한다. 이 옆물길은 어류와 못 자체를 보호하기 위한 중요한 설비 중의 하나이다. 이때에도 물고기의 도망을 방지하기 위한 장치가 필요하다.

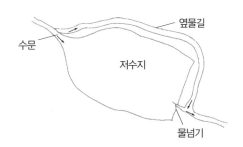

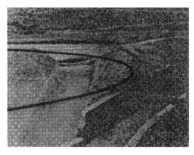

물넘기

[그림 1-6] 양어용 저수지의 옆물길

(7) 투이장(投餌場)

먹이를 줄 때에는 일정한 장소에서 주는 것이 편리하고 좋은데, 이렇게 먹이를 주는 장소를 투이장 또는 먹이장이라고 한다.

못이 작거나 못 전체에 먹이를 주어야 할 필요가 있는 경우는 투이장의 설치가 필요하지 않다. 먹이터에 모이는 어류의 습성을 이용하면 물고기를 잡을 때도 편리하므로 [그림 1-7]과 같은 투수장치를 겸하며, 먹이를 줄 때는 먹이터로 물고기를 잡을 때는 포획터로 사용하면 대단히 편리하다.

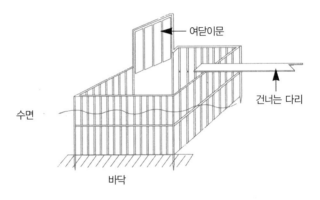

[그림 1-7] 포획장치를 겸한 먹이터(투이장)

4. 해적(害敵)과 질병(疾病)

(1) 해적(害敵)

① 포유류 – 시궁쥐, 족제비, 고양이, 수달 등
② 조류 – 갈매기, 도요새, 뜸부기, 물총새, 오리, 백로, 해오라기 등

③ 파충류 – 자라, 남생이, 무자치 등

④ 양서류 – 개구리가 대표적으로 치어와 알을 잡아 먹는다. 올챙이는 플랑크톤과 사료를 횡령해서 먹으므로 이것들은 보는 대로 제거하여야 한다.

⑤ 어류 – 메기, 가물치, 끄리, 쏘가리, 뱀장어 및 연어과의 어류 및 주로 육식성 어류

⑥ 수생곤충류 – 물방개, 물장군 등의 수생곤충들은 유충 때 또는 알 때 어류의 좋은 먹이감이 된다. 그러나 성충인 경우는 치어의 무서운 해적이 될 수 있다.

⑦ 환충류 – 거머리도 큰 고기에는 밥이 되기도 하나, 고기에 붙어 흡혈하므로 해적임에는 틀림이 없다.

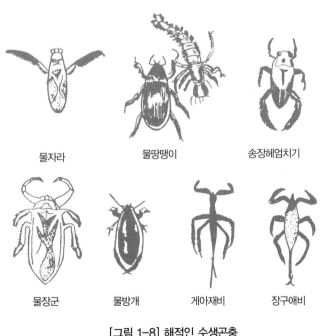

| 물자라 | 물땅땡이 | 송장헤엄치기 |

| 물장군 | 물방개 | 게아재비 | 장구애비 |

[그림 1-8] 해적인 수생곤충

(2) 질병(疾病)과 대책

질병 발생 원인으로는 크게 나누어 이동 또는 선별 시 몸 표면에 입은 상처에 의한 것과 급이 사료의 불량, 영양결핍에 의한 영양성 질병 및 양어 용수의 수질악화에 의하여 발생하는 환경성 질병 등이 있다.

이러한 질병들은 조기에 발견하여 적절한 대책을 강구하면 상당한 치료 효과를 볼 수 있으므로 평소 양식 관리 시에 주의깊게 관찰한다.

그러나 양식어는 수중에 있으며, 더욱이 미꾸리는 양어지 바닥에 있어 질병 발생 유무를 관찰하는 것이 용이하지 않으므로 매일 먹이를 줄 때 자세한 관찰이 필요하다.

미꾸리는 수면에 잘 떠오르지 않고 병든 고기는 바닥의 뻘 속에 묻혀 있다가 죽는 것이 많으므로 조기 발견이 어렵다.

그러므로 먹이 먹는 동작을 보아서 이상을 느끼게 되면 즉시 병의 원인을 정확하게 진단하여 적합한 약을 쓰도록 한다.

① 아가미썩음병

아가미 조직에 곰팡이가 침입하여 발생. 아가미의 대부분이 혈관과 격리되어 아가미 조직이 파괴되어 드디어는 질식하여 죽게 되는 질병이다. 수온이 20℃ 이상의 계절에 유기질의 부패물이 많은 못에서 잘 발생한다. 2%의 식염수 또는 0.05% 과산화수소에 반복해서 수욕하면 치유된다.

② 입썩음병

대부분 치어에서 6~7개월경에 발생한다. 증세는 주둥이에서 구강 내에 걸쳐 붉거나 누렇게 염증이 생기며 심하면 조직이 파괴되어 짓무른다. 치료방법은 아가미썩음병과 같다.

③ 수생균병(水生菌病)

피부와 알 표면의 상처부위에 잘 발생한다. 발생부위에 균사(菌絲)가 나오며, 알의 경우는 알을 핵으로 삼고 주위에 솜털이 나오므로 쉽게 알 수 있다. 치료는 마라카이드그린 20만 분의 1용액에 20분간 수욕시킨다. 다만 마라카이드그린은 식용 판매 10~15일 전에 사용해야 식용되었을 때 인체에 지장이 없다.

④ 기적병(魚者 赤病)

뱀장어의 지느러미와 복부의 피부, 항문 등이 빨갛게 되는 세균성 질병이다. 중증이면 'ㄱ'자형으로 몸이 구부러져서 수면에 떠오르게 되는데, 이 정도이면 간단히 치료할 수가 없다. 치료로는 설파제나 기타 항생제를 체중 1kg당 하루에 100~150mg을 먹인다.

⑤ 비브리오병

증세는 근육에 출혈성 환부가 있고, 안구가 돌출되며 희게 흐려져 있고 안구에 출혈이 일어난다. 내장은 창자에 염증이 있고, 간이 벌겋게 색이 짙어지고 비장과 신장이 비대해진다. 예방책은 용수량을 충분히 하고 못 밑의 침전된 먹이와 배설물을 신속히 제거하고 죽은 고기를 철저히 제거한다. 치료에는 썰파모노메톡신 0.02%액에 14시간 약욕(藥浴)을 시킨다.

⑥ 가스병

미꾸리 알이 부화 후 며칠이 지난 후부터 치어에 발생하는 병으로써, 안구와 지느러미 가장자리, 소화관에 기포가 생기고 몸의 비중이 작아져 떠오르며 먹이를 섭취할 수 없게 되어 죽는다.

때로는 기포가 혈관 내나 심장에도 생겨 혈액순환 장애가 일어나며 이때 고기는 단시간에 광란하다 질식하여 죽기도 한다.

이 병은 사육지에 지하수를 주수한 뒤 수온이 상승했을 때 사육지의 용존산

제5장 양어의 기초 지식

소량이 12% 이상 되었을 때, 급이를 중지하고 있을 때, 식물성 플랑크톤이 많이 발생하고 있을 때, 수온이 30℃ 이상이 되었을 때 많이 발생하고 있는데, 용수는 잘 폭기(暴氣)하여 과포화(過飽和)가스를 날려버리고, 사육수는 펌프 등으로 잘 회전시켜 증상을 회복시켜 준다.

⑦ 콜롬나리스병

지느러미 적병과 함께 미꾸리 양식에 큰 피해를 주는 병으로써, 수온 25~30℃, pH 7.0~7.5일 때 잘 증식되고, 호기성 세균에 의한 병이므로, 아가미 피부에서 발생되며 내장에서도 발견된다.

병어는 몸 표면이나 지느러미 끝이 회백색이 되고, 진행할수록 닳아 끊긴다. 몸 표면의 회백색 둘레는 충혈되어 황적색의 둥근 고리가 생기며, 아가미에 발생했을 때는 말단부가 문드러진다.

이 병의 예방 및 치료대책으로는 미꾸리에 상처가 생기지 않도록 조심스럽게 취급하고, 사료의 질과 양에 대하여도 세심한 주의가 필요하다. 종묘, 방양 전이나 축양 전에는 설파제 1% 수용액이나 클로람페니콜 5~10ppm의 용액에 약 10분간 약욕시키면 예방이나 치료효과가 있고, 수산용 오레오마이신, 수산용 테라마이신 10~20ppm으로 약욕하여도 된다.

{제2장
미꾸리의 기본 지식

제1절 미꾸리란 무엇인가

미꾸리(*Misgurus anguillicaudatus*)는 추어(鰍魚), 토추(土秋) 또는 이추(泥鰍)라고도 하며, 예부터 우리나라에서는 대중식생활에 계절기호식품으로 추어탕을 널리 즐겨왔고 오늘날에는 식용, 낚시미끼, 사료 등으로 많이 이용되고 있다. 우리나라만이 아니라 일본·중국·소련·대만·인도네시아 및 인도 등 널리 분포되어 있으나, 북미와 남미에는 없다. 미꾸리가 이토록 널리 서식하고 있는 이유는 가뭄에도 잘 견디고 수질이 오염되어 산소가 부족해도 살아갈 수 있는 생존력과 잡식성으로 먹이에 크게 구애받지 않는 생활력 때문이다. 미꾸리의 동물학적 위치는 척추동물 문(門), 진구 강(綱), 잉어 목(目), 기름종개 과(科), 미꾸리 속(屬), 미꾸리 종(種)에 속하고 있으며, 뱀장어·연어·잉어 및 붕어와 같은 종류에 속한다. 이들은 모두 부레(魚票)가 목구멍까지 연결되어 이러한 이름을 붙이는 동시에 같은 종류로 나뉘게 된다.

미꾸리는 표피에 있는 둥근 기와조각 모양의 비늘이 겹겹이 쌓여 있으므로 비교적 얕은 물에서 살기에 적합하다. 또, 미꾸리는 바깥의 적으로부터 공격을 받았을 때에는 비늘 위에 많은 점액을 분비하여서 몸 전체를 미끄럽게 만들어 적으로부터 쉽게 도망침으로 해서 자신의 생명을 보호한다.

미꾸리는 다른 어종(魚種)에서는 볼 수 없을 만큼 생활력과 생명력이 강하다. 즉, 물을 떠나 공기 중에 방치하여 두어도 쉽게 생명이 끊어지지 않을 뿐 아니라, 제 스스로 물밖을 떠나서 논밭이나 개울물이 없는 습기찬 곳에 있는 일도 종종 있다. 또한 강한 햇볕이 내리 쪼일 때에도 진흙 속에서 오랜 시간을 지속할 수 있는 지극히 강한 정력과 생명력이 왕성한 어종이라고 할 수 있다.

　이러한 강한 생존력은 피부에 점액을 많이 준비하여서 쉽게 건조되지 않을 뿐 아니라 피부호흡을 오랫동안 할 수 있고, 또한 아가미가 오랫동안 마르지 않기 때문이다.

　더우기 미꾸리는 산소가 부족하면 입으로 공기를 흡입하여 그것을 장으로 통과시켜 약 1/3의 호흡을 하나 산소가 부족할수록 자주 <u>장호흡(주:공기를 흡입하여 장으로 통과시켜 물밑으로 내려가면서 보루룩 소리를 내며 배강에서 기포가 나온다. 이를 장호흡이라 하며, 산소가 아주 없으면 장호흡으로도 지탱할 수 없다.)</u>을 하기 때문에 썩은 물에서도 쉽사리 죽지 않는다. [그림 2-1]에서와 같이 어항에 미꾸리를 넣고 관찰해 보면 가끔 미꾸리가 물 위로 입을 치켜들고 숨을 쉬는 듯이 보이는 것은 바로 미꾸리가 장호흡을 하는 모습인 것이다.

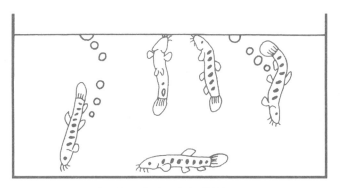

[그림 2-1] 미꾸리의 장호흡

제2절 미꾸리의 효능과 쓰임

1. 미꾸리의 효능

위에서 본 바와 같이 미꾸리는 뛰어난 생명력과 생활력을 갖고 있음으로 해서 예로부터 자양강장의 어종으로 애용되어 왔다.

또 민간에서는, 미꾸리를 오랫동안 먹은 사람은 눈병(眼病)이 없으며, 여름을 타는 일도 없고 감기에 걸리는 일도 적다는 등 미꾸리의 효능에 대한 구전이 내려오고 있다.

이와 같이 정약(精藥)으로서의 효능이나 일반 질병예방으로서의 효능뿐만 아니라 미꾸리는 동물성 단백질 공급원으로서도 훌륭한 일익을 담당하고 있다. 다음의 [표 2-1]에서 보는 바와 같이 미꾸리는 소고기나 돼지고기보다도 월등히 풍부한 단백질을 가지고 있다.

[표 2-1] 영양 비교표

육명영양(%)	수 분	단백질	지 방	호 분
미 꾸 리	76.0	19.3	1.9	2.5
뱀 장 어	64.1	16.2	1.2	0.8
고 등 어	76.0	18.0	4.0	1.7
소 고 기	62.5	18.6	18.0	0.9
돼지고기	69.3	17.8	10.5	2.4
닭 고 기	73.5	20.7	4.8	1.3
개 고 기	76.8	19.3	3.0	1.1

특히, 유럽과 미국 선진국가에서 현재 연구와 실험을 한 결과 미꾸리에는 인간에게 절대적으로 필요불가결한 영양소의 하나인 비타민A가 충분히 들어 있다.

2. 미꾸리의 쓰임

첫째, 식품(食品)으로 쓰인다.

앞에서 본 바와 같이 미꾸리는 동물성 단백질의 훌륭한 공급원이 될 뿐만 아니라, 인체에 꼭 필요한 비타민A의 훌륭한 공급원이기도 하다. 현재 식품으로 사용하는 방법으로는 추어탕이 주류를 이루고 있으나, 이를 말려서 건어(乾魚)로 하여 두고 두고 먹을 수도 있다. 또, 미꾸리의 등줄을 따고 뼈를 추려낸 다음 설탕을 가미한 양념장을 쳐서 불에 구워 먹는다면 또 다른 별미를 얻을 수 있을 것이다.

요컨대, 미꾸리가 갖고 있는 본래의 영양소를 파괴시키지 않는 한도에서 여러 가지 요리방법을 연구 개발한다면, 미꾸리의 가치는 다른 어떠한 식품과 비교하더라도 손색이 없을 것이다. 다행히, 우리나라 대도시에서뿐만 아니라 일본에서까지도 식품으로의 미꾸리 수요가 계속 증가하고 있다.

둘째, 사료(飼料)로 쓰인다.

가축, 특히 닭과 오리의 사료로 미꾸리는 커다란 가능성을 지니고 있다. 양계사업에서 차지하는 사료의 비중은 두말할 것 없이 지대하다. 특히 동물성 사료의 공급은 그 영양 면에서 본다면 식물성 사료가 도저히 따를 수 없는 중요한 문제이다. 그러나 동물성 사료의 공급이 아무리 중요하다고 해서 그 비용 면을 도외시할 수는 없는 일이다.

그렇다면 값싼 비용으로 훌륭한 동물성 사료를 공급할 방법은 없는가? 이에 대한 해답이 바로 미꾸리 양식이다. 미꾸리 양식은 많은 비용이 들지 않고 어떠한 육류와 비교한다 하더라도 결코 손색이 없는 영양소를 가지고 있다. 따라서 '값싸고 훌륭한 동물성 사료' 라는 조건에 완전히 부합된다.

그러므로 미꾸리 양식은 식품으로서뿐만이 아니라 양계사업을 위해서도 훌륭한 사업이 될 수 있을 것이다.

셋째, 원양사업의 산 미끼로 쓰인다.

미꾸리는 원양어업(遠洋漁業)에서나 연ㆍ근해어업에서 낚시 먹이(미끼)로 바다물고기를 잡기 위한 살아있는 미끼로 사용된다. 미꾸리는 그 특유의 강인한 생명력으로 인하여 오랫동안 죽지 않는다. 산 미끼가 필요한 원양어업의 실패와 성공이 달려있는 중대한 문제이다. 하기야 바다에서 직접 조달할 수도 있겠으나 그것은 비용이 과다하게 들거나 또는 적시에 미끼를 공급하지 못한다는 단점이 있다. 또 어종에 따라 가장 좋아하는 미끼를 적시에 조달하기도 어렵다.

이러한 어려움들을 미꾸리는 한꺼번에 해결한다. 대부분의 어종이 좋아하는 미끼이며, 산채로 장기간 보관하기가 좋으며 또, 다량구입이 용이하고 비용이 싸다. 물론 다량구입이 용이하다는 점은 미꾸리를 다량으로 양식하기 쉽기 때문이라는 가정이 전제한 것이다. 이로써 또 하나의 양식사업이 성공할 수 있는 가능성(물론, 공급의 면에서이기는 하다.)을 찾을 수 있다. 현실적으로도 우리나라뿐만 아니라 일본 등 원양어업을 하는 나라에서의 미꾸리 수요는 계속 늘고 있다.

이와 같이 미꾸리의 수요는 자연적으로도 계속 늘고 있고, 또 연구하고 개발함에 따라 그 수요는 계속 증가할 것이다. 그러나 이러한 수요는 자연산 미꾸리로서만은 도저히 충당할 수 없는 실정이다. 따라서 우리는 미꾸리의 특성과 생리를 충분히 이해하고 연구하여 가장 과학적인 시설을 하고, 가장 합리적인 경영방식을 사용하여 미꾸리를 양식한다면 충분히 양식사업으로 성공할 수 있을 것이다.

제3절 미꾸리의 종류

미꾸리는 동물학상으로는 척추동물 문, 진구 강, 잉어 목, 기름종개 과, 미꾸리 속, 미꾸리 종에 속한다.

미꾸리류에는 열대성, 온대성, 한대성의 것도 있어서 전세계에 널리 분포되어 있고 그 종류도 다양하다. 동물학상 그 종명에 대하여는 여러 가지 이론도 많으나 우리나라에 알려져 있는 것은 대체로 다음과 같은 4속 8종이다.

① 미꾸리 속 *Misgurnus*(LACEPEDE)
- 미꾸리 *Misgurnus anguillicaudatus*(CANTOR)
- 미꾸라지 *Misgurnus mizolepis*(GUNTHER)
- 강종개 *Misgurnus Spp*(UCHIDA)

② 기름종개 속 *Cobitis*(ARTBOI)(LINNAEUS)
- 기름종개, 버들치 *Cobitis taenia*(LINNAEUS)
- 수수미꾸리 *Cobitis multifasciata*(WAKIYA et MORI)
- 새코미꾸리 *Cobitis rotundicaudata*(WAKIYA et MORI)

③ 샛미꾸리 속 *Lefua* (HERZENSTEIN)
- 쌀미꾸리 *Lefua Costata*(KESSLER)

④ 종개 속 *Baubatula*(LINCK)
- 종개 *Barbatula tosi*(DYBOWSKI)

이 중 양식에 이용되는 종은 미꾸리(학명:*Misgurnus anguillicaudatus*)와 미꾸라지(*Misgurnus mizolepis*)로 근래에는 미꾸리보다 미꾸라지가 더 많이 양식 생산되고 있다. 서식환경에 따라 체색, 체형, 몸 각 부분의 크기의 비 등이 조금씩 차이가 있으므로 종 분류상 학자들간의 의견이 구구하다.

그 이름에 대하여서도 지방에 따라 여러 가지로 불리고 있는 형편이다.

1. 미꾸리

(1) 형태

몸은 가늘고 길며 앞쪽보다는 뒤쪽의 꼬리자루가 더 측편되어져 있다. 몸빛은 등 쪽의 반이 암갈람 갈색이고 배 쪽의 반이 담청색이다. 옆구리에는 여러 줄의 암색 세로띠가 나타나 있다. 일반적으로 수놈에 있어서는 세로띠가 뚜렷하며 또 크다. 등지느러미와 꼬리지느러미에는 작은 암색점들이 분포해 있고 꼬리지느러미의 기저부에는 동공크기의 검은 점이 하나 나타나 있다. 몸빛과 무늬의 개체변이는 환경에 따라서 현저하지만 일반적으로 산란기에는 선명해진다. 입은 작고 주둥이 끝의 밑으로 달려 있고 입가에는 6쌍의 수염이 있다. 비공은 앞뒤가 맞붙어 있고 전비공에는 피질인단관이 있다. 등지느러미는 3가시 5연조이고 뒷지느러미도 3가시 5연조이다. 머리에는 비늘이 없고 비늘은 원형에 가깝고 세로줄이며 비늘수는 135~176이며 척추골수는 45~78이다. 크기는 20㎝ 정도에 이른다.

(2) 분포

우리나라 서남부에 흐르는 하천수계 및 그 유역에 분포하며 거의 전국적으로 분포한다. 중국, 일본, 만주 사할린 등지에도 널리 분포한다.

(3) 습성

연못가나 논두렁 및 수로에 많고 진흙이 깔린 얕은 물의 흐름이 없는 곳에서 산다.

미꾸리는 장호흡을 하며 아가미 호흡 이외의 공기호흡에 중요한 역할을 하고 있다. 산란기는 4~7월이고 성기는 5~6월이다. 산란은 얕은 물웅덩이, 수로 등의 수초 사이에서 하는 것으로 알려져 있다. 알은 점착성을 가진 진주형으로 난막이 엷고 지름은 1.1m/m, 노른자의 지름은 0.9m/m이다.

암컷의 잉란 수는 전체 길이 138㎜ 정도에서는 18,300알, 133㎜에서는 16,400알, 212㎜에서는 30,000~40,000알이다. 부화는 수온이 17~21℃일 때는 약 5시간, 23~32℃에서는 20시간이 걸린다. 부화 직후 자어의 전체 길이 4.0m/m로 표피융기부는 수초 등에 붙어서 매달려 있다. 부화 후 4일만에 전체길이 4.0~4.6m/m로 2쌍의 수염이 생기고 약 29+17=46의 근육질이 생긴다. 10일만에 길이 5.3m/m 이상 되고 15m/m쯤 되면 성채의 체제를 갖추게 된다. 만 1년만에 80~100m/m 내외이고 2년만에 100~120m/m에 이른다. 성장이 빠른 것은 만 1년이면 성숙산란한다. 일반적으로 식용에 쓰이는 미꾸리는 만 2~3년생이다.

2. 미꾸라지

(1) 형태

몸은 길며 측편해 있고 특히 머리 쪽이 측편하다. 몸은 황갈색이고 옆구리와 등 쪽은 암갈색이 짙고 배 쪽은 엷다. 머리와 몸에는 뚜렷하지 않는 갈색의 작은 점이 밀포되어 있고 이것이 배 쪽에까지 이르고 있다. 등 쪽에는 이밖에 눈틀크기의 암색점이 불분명하게 세로로 줄지어 있다. 입은 주둥이 끝의 밑에 있고 입가에는 5쌍의 입수염이 있으며 길다. 머리의 등 쪽 외각은 수평에 가깝다. 등지느러미는 3가시 7연조이고 뒷지느러미는 3가시 5연조이다. 비늘은 아주 작고 반은 살갗 속에 묻혀 있으며 옆구리 중앙의 비늘은 거의 둥글다. 등지느러미 위 언저리는 둥글고 가장 긴 기조의 길이는 머리 길이의 3/5~2/3이다.

(2) 분포

낙동강에서 압록강까지의 제 하천에 분포한다.

3. 강종개

(1) 형태

몸은 길며 좀 측편하나 원통모양에 가깝다. 몸빛은 좀 특이하고 짙은 흐린 남색으로 되어 있으며 등 쪽이 갈색으로 된 암색, 배 쪽이 엷은 남색 또는 남갈색을 띠고 있다. 머리에는 작은 암색점들이 모여 있으며 몸 중앙부에는 담색의 세로줄이 곧바로 나와 있다. 주둥이는 길고 입은 그 끝의 아래쪽으로 있고 입가에는 5쌍의 수염이 있다.

비늘은 아주 작고 대부분이 살갗에 묻혀 있다. 머리에는 비늘이 없고 비늘의 모양은 의원형, 난형, 의편형 등의 여러 종류가 있다. 옆줄은 불안전하고 가슴지느러미 기저부의 위쪽으로 조금 보일 뿐이나 분명하지 않은 경우가 많다. 전체 길이는 200mm 내외이다.

(2) 분포

우리나라 두만강 수계와 그 수계에 속하는 연못과 늪에만 분포하고 있다.

(3) 습성

미꾸리의 습성과 대동소이하고 연못 속의 부드러운 진흙바닥의 얕은 곳에 살며 공기를 호흡한다.

산란기는 6~7월 중순경인 듯하며 잉란 수는 약 80~82개이고, 전체 길이는 152mm이다.

4. 기름종개

(1) 형태

몸이 길고 측편하며 특히 머리가 측편되어 있고 주둥이가 길다. 몸빛은 담황갈색 바탕에 흰빛을 띠고 배 쪽은 담색이다. 옆구리의 중앙에는 약 10~15정도의 갈색반점이 산개하고 등지느러미는 3가시 7연조이며, 뒷지느러미는 3가시 5연조이다. 입가에는 4쌍의 수염이 있고 인후치는 1줄이다. 꼬리자루는 측편되어 있고 전체 길이 약 150m/m 정도에 이른다.

(2) 분포

우리나라 전역의 제 하천에 분포하며 일본, 중국 그리고 유럽 등지까지도 널리 분포한다.

(3) 습성

산란기는 4월 하순부터 6월까지로 추정되며 맑은 물이 흐르는 모래와 자갈이 깔린 곳에서 산다. 먹이는 주로 작은 갑각류, 곤충류인데다 규조류나 녹조류와 같은 식물질도 먹는다. 알의 지름은 약 2.4m/m이고 부화하고 나서 44일만에 전장 13.5m/m, 109일만에 30m/m이며 만 1년이면 4~6cm, 만 3년이면 12cm에 이른다.

5. 수수미꾸리

(1) 형태

몸은 가늘고 길며 측편되어 있다. 몸빛은 담황색 바탕에 암갈색의 가로줄이 있다. 뱀과 같은 얼룩을 이루고 있다. 머리는 등황색을 띠고 입수염과 주둥이는 등황적색이다. 눈은 작고 새개후연보다는 주둥이 끝쪽으로 가깝게 있다. 입은 주둥이의 아래쪽에 위치하여 작다. 등지느러미 3가시 6연조이며 뒷지느러미 3가시 4연조이고 꼬리자루는 측편하고 폭이 아주 넓다. 전장 13㎝ 정도이다.

(2) 분포

우리나라 낙동강 수계밖에서는 발견되지 않았다. 우리나라 특산어로서 그 분포범위가 아주 좁다.

(3) 습성

맑은 물의 얕은 자갈밭의 돌 틈에서 살며 동작이 민첩하다. 먹이는 주로 규조류이다. 산란습성은 잘 알려지지 않으나 대개 6월경에 산란을 하며(밀양) 노른자는 불투명한 구형으로 그 지름이 1.4~1.5㎜ 정도이다.

6. 새코미꾸리

(1) 형태

몸은 비교적 측편되어 있고 길며 머리도 측편되어 있으며 특히 등 쪽은 엷고 주둥이는 길며 그 끝은 측편되어 아래로 향해 있고 둥글다.

몸빛은 엷고 더러운 노란빛이고 옆구리에는 담갈색의 불규칙한 주름모양을 한 무늬가 있고 개체에 따라서 더 뚜렷한 것도 있다. 몸의 등 쪽은 흐릿한 담색이고 등 쪽의 중앙을 세로로 가는 폭의 넓은 담색띠가 있다. 눈은 작고 위쪽에 붙어 있으며 비공은 앞뒤가 서로 맞붙어서 전비공은 단관을 가지고 있다. 구변에는 4쌍의 수염이 있고 그 밖의 한쌍은 주둥이 끝의 아래로 양편에 있으나 아주 작다. 등지느러미는 3가시 7연조이고, 뒷지느러미는 3가시 5연조이며 척추골수는 44~45이다. 비늘은 아주 작으며 둥글고 반은 피부에 묻혀 있고 머리에는 비늘이 없다. 전장 15~17㎝ 정도이다.

(2) 분포

낙동강, 금강, 한강 수계에 분포하며 보통 상류에서만 채집된다. 우리나라 특산어이다.

(3) 습성

맑은 물의 돌이나 자갈틈에서 살고 있다. 산란습성에 관하여는 전혀 밝혀지지 않았다.

7. 쌀미꾸리

(1) 형태

몸은 가늘고 길며 보통 미꾸리에 비해 좀 작다. 몸의 뒤쪽은 측편해 있고 머리는 종편하다. 몸빛은 황갈색을 띠고 있다. 등 쪽이 배 쪽에 비해 짙다. 입은 주둥이 끝의 밑으로 있으며 앞쪽을 향하고 있다. 뒤쪽의 머리, 배 쪽 외곽은 수평선 모양에 가깝다. 비공은 앞뒤가 아주 떨어져서 후비공은 눈틀상부 바로 앞에 있고 전비공은 눈틀전연과 주둥이 끝과 같은 거리에 있다. 입가에는 3쌍의 수염이 있다. 등지느러미는 3가시 6연조이고, 뒷지느러미는 3가시 5연조이며 비늘수는 108개 내외, 척추골수는 35~38개이다. 꼬리자루는 잘 측편되어 있다. 전체 길이 약 100mm 정도에 이른다.

(2) 분포

우리나라에는 전역에 분포되어 있는 것으로 알려져 있다. 시베리아, 연해주, 만주, 북부 중국에도 널리 분포하며 일본에 칸토 지방 이남에 분포한다.

(3) 습성

연못의 수초가 많은 얕은 곳이나 논의 물도랑이나 흐름이 느린 개천에 많이 살고 있다.

산란 시는 4월 하순에서 6월 상순 사이이다. 알은 점착성인 의구형이고 난막강은 넓다. 난경은 1mm이며 수정할 때의 수온은 14℃, 인공부화는 16.7~19.5℃일 때가 적당하다. 수정 후 49시간이면 전부 부화된다. 먹이는 주로 작은 동물로 곤충의 유충, 갑각류 및 지각 갑각류 등이다. 성장은 1년에 40~50m/m(♂) 내외, 50~60m/m(♀) 내외이며 전체 길이는 80mm 정도이다.

8. 종개

(1) 형태

몸은 가늘고 길며 머리는 원추모양을 나타내고 있다. 몸의 전반부는 거의 측편되어 있지 않고 통모양을 하고 있으나 후반부는 측편되어 있다. 몸빛은 황녹색으로 배 쪽은 연하고 옆구리에서 등 쪽에 이르기까지에는 암갈색인 구름모양의 무늬가 있다. 입은 주둥이의 아래로 있고 머리와 배 쪽의 각은 수평이다. 아래턱은 위턱보다 짧고 양턱은 합쳐진 것처럼 보이지 않는다. 입술은 깊고 비교적 매끈하며 성어에 있어서는 윗입술의 앞끝이 특히 두껍다. 등지느러미는 3가시 8연조이고 뒷지느러미는 3가시 5연조이다. 등지느러미는 크며 암수에 따라서 조금 다르다. 전체 길이는 약 220㎜ 정도에 이른다.

(2) 분포

우리나라의 각 하천에 분포하고 북부 중국, 만주, 시베리아, 일본 홋카이도, 사할린 등에 분포한다.

(3) 습성

하천의 자갈밭이나 가는 모래가 깔린 흐르는 물에 살며 몸을 모래바닥에 찰싹 달라붙이고는 민첩하게 헤엄쳐 다닌다.

산란기는 4~5월 상순이며 전체 길이 40㎜의 자어는 강기슭의 얕은 물의 모래와 갯흙에 많이 살고 있는 습성이 있다. 먹이는 곤충의 유충이며 특히 부유류의 유충을 잘 먹는다.

성장도는 만 1년에 60~80㎜이고 만 2년이면 100㎜ 내외에 이르러 성어가 된다. 만 5년이면 200㎜에 이른다.

[그림 2-2] 미꾸라지의 종류

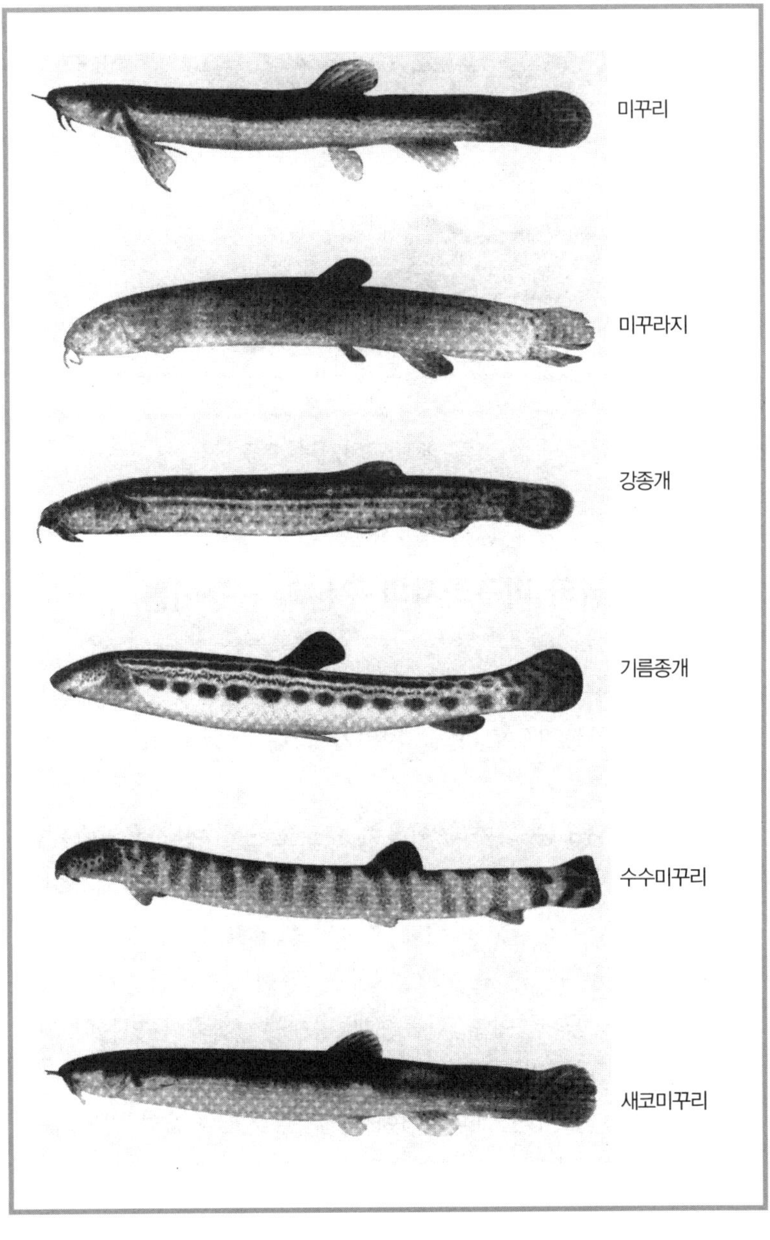

미꾸리

미꾸라지

강종개

기름종개

수수미꾸리

새코미꾸리

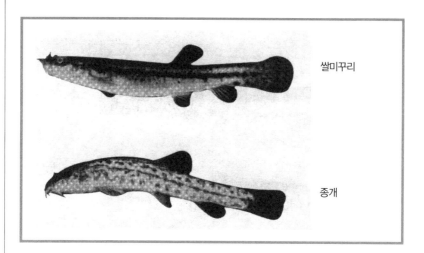

쌀미꾸리

종개

제4절 미꾸리와 미꾸라지의 구분과 공통이름

미꾸리에 대한 이름이 여러 가지로 불리고 있는데 어느 이름이 대표성이 있고 공통적으로 불릴 것인가에 대해 의문시하는 사람들이 많다.

출판사에서 나오는 책마다 이름이 다르고 또 수산진흥원에서도 간혹 미꾸리와 미꾸라지 두 가지로 쓰이고 있어 필자는 이 기회에 다음 사유로 해서 미꾸리로 통일해 쓰고 부르고자 한다.

미꾸리나 미꾸라지는 분류학상으로는 잉어 목, 기름종개 과, 미꾸리 속에 속하는 종류들이며 기름종개 과에는 4개 속이 있는데, 이 중 미꾸리 속에는 미꾸리, 미꾸라지, 강종개의 3종류가 있다.

형태상으로 미꾸리는 미꾸라지에 비해 둥글고 머리와 지느러미 등이 작은 편이며 뼈도 다소 적은 편이고 육질이 많은 편이나 미꾸라지는 약간 큰 편이고 측편형이다.

서식지로 보면 미꾸리는 논이나 수로, 저수지 등이고 미꾸라지는 수로나 개울 등 다소 개방적이고 야성적 환경에 서식하고 있다.

논에 농약을 쓰기 전에는 미꾸리가 주종을 이루고 생산도 많았지만 논에 농약을 사용하면서 서식장을 빼앗겨 버리고 저수지, 수로 등에 일부 서식하는 상태이며 미꾸라지는 수체가 크고 환경이 크므로 농약의 영향이 적은 큰 수로나 저수지 등의 수역에 살게 되어 생존율이 높아 근래에는 주로 자연산 미꾸라지만이 거의 생산되고 있다.

미꾸리와 미꾸라지는 서식환경이 서로 공존할 수 있고 근접 환경이며 식성이나 습성이 비슷하여 인공 종묘생산이나 양식생산에 다른 종보다 비슷한 점이 많다.

미꾸리는 양식생산성이나 품질 면에서는 미꾸라지보다 우수하나 자연산이 농약 등의 영향으로 감소되어 생산이 활발하지 못하므로 미꾸라지의 자연산 종묘를 가지고 양식 생산하는 형편이다. 따라서 미꾸리가 줄어들고 미꾸라지 생존이 많아진 현실에서 대표가 되는 이름은 미꾸라지라고도 할 수 있겠으나 전통과 식품 이용의 가치도가 높은 미꾸리를 언젠가는 인공 종묘생산 기술을 확립하고 양식생산화하는 데 필요하므로 품종 자체는 따로 분류하되 품질과 양식산업화 측면에서 대표적으로 부르는 이름은 미꾸리로 통일하여 부르는

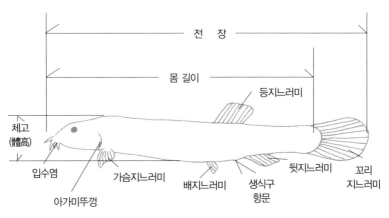

[그림 2-3] 미꾸리 류 몸 각부의 명칭

것이 좋겠다. 또한 미꾸리와 미꾸라지는 미꾸리 속에 있는 종류이고 두 종류가 다 인공 종묘생산이 비슷하므로 앞으로는 처음 불러온 이름대로 부르는 것이 통상적인 것일 뿐 아니라 '어류도감(정문기 著)'에 분류된 대로 통상 대표적으로 부르는 이름은 미꾸리이고 이것이 분류 또는 구분 이용되는 상황에 따라 미꾸리나 미꾸라지로 부르는 것이 좋겠다고 본다.

제5절 미꾸리의 습성

미꾸리를 양식하는 데 있어서는 물고기의 습성(習性) 및 번식하는 상황 등을 충분히 이해하고, 정확히 습득하지 못하면 성공을 바라볼 수 없다. 이 절에서는 몇 가지 미꾸리의 습성에 대해 알아보기로 한다.

미꾸리는 대체로 온수성 물고기로서 부드러운 진흙탕 속의 연못, 늪, 개천, 논물 등의 얕은 지수(止水)에 살고 있으며 때로는 진흙 속으로 잠입하는 수도 있다. 미꾸리는 야행성이기 때문에 밝은 햇볕이 쪼이는 낮에는 물 위에서 특별한 경우 외에는 헤엄치는 일이 없고 저녁 무렵에서 밤중 사이에 물 위에 나타나서 먹이를 구한다.

단, 산란은 해뜨기 직전에 시작된다.

또한 미꾸리는 물을 거슬러 올라가는 추유성(追流性)이 강하여 여름 소나기가 올 때 양어지 벽을 타고 도망하는 경우가 많으므로 도피 방지에 특히 주의를 요한다.

미꾸리는 바닥에 살고 있으므로 수심은 너무 깊지 않아야 하며, 평상 시에는 물밑에 정지하면서 간혹 뻘 속으로 파고 들어가 있기도 하다. 주성장기는 5월 중순에서 10월 초 사이로 수온 25℃ 전후일 때 가장 활발하게 활동한다.

미꾸리는 잡식성 물고기로서 갑각류(甲殼類), 실지렁이, 곤충의 유충, 식물의 새잎, 녹조류, 잡초의 열매 또는 유기물이 부패한 것을 먹고 산다. 그러나 수온이 10℃ 이하일 때나 30℃ 이상일 때는 먹이를 잘 먹지 않는다.

미꾸리의 습성 중에 가장 특징적인 것은 장(腸)호흡을 하고 있다는 것이다. 가끔 물 표면으로 떠올라 수면상의 공기를 흡입하고 항문으로 기포를 방출하고 있다. 들이마신 공기 속의 산소는 직장부에서 체내에 들어가고 반대로 이산화탄소가 장 속에서 방출되어 여분의 공기와 함께 항문으로 배출된다.

수온이 높을 때는 물속에 산소용존량이 작아지므로 장호흡이 빈번해지며 이것은 아가미호흡과 더불어 필요한 작용으로써 물속의 산소가 불충분할 때 장호흡을 하지 못하면 죽게 된다. 따라서 미꾸리를 그릇에 담아서 보관할 때는 용기의 일부가 수면상으로 나와야 한다.

또한 수온이 5~6℃ 이하일 때 또는 반대로 34~35℃ 이상일 때는 진흙탕 속으로 들어가 머리를 약간 바깥에 내놓는 수가 많다. 또 물이 없어졌을 경우에는 흙 속으로 들어가서 그 건조도에 따라 깊이 잠입하여 약간의 습기만으로도 생존하는 강한 생명력을 갖고 있다.

미꾸리는 3월경 수온이 10℃ 이상으로 차츰 상승하기 시작하면 서서히 활동하며 먹을 것을 찾고 4~5월경부터 7~8월경까지에 교접산란을 행한다. 산란시기는 남쪽이 빠르고 중부지방으로 갈수록 약간씩 늦어진다. 이에 수놈이 주둥이로 암놈의 배의 부분에 달린 생식기를 건드려서 자극을 주면서 암놈이 산란하는 것을 촉진하여 준다. 암놈이 이러한 충동에 자극을 받아서 알을 낳으면 수놈은 곧 그 알에 자신의 정액을 쏟아내어 정받이를 하는 것이다.

다시 자세히 산란의 습성을 기술하면, 보통 1개체가 보통 1,000개의 알을 낳는데 체중 30g 정도의 미꾸리는 1만 개 이상의 알을 낳는다고 하며 암놈은 연중 성숙에 가까운 난소란(卵巢卵)을 갖고 있다.

미꾸리는 자연아래에서는 비가 와서 논물 같은 것이 증수되어 거기에 맑고 얕은 자리가 생기고 또 수온이 적당할 때(17~25℃:우리나라에서는 대략 5월 초순에서 중순 사이에 자연온도가 17℃가 되면 대부분 산란한다.) 산란한다. 산란장은 대개 비온 뒤 맑은 물이 고여 있고 산란된 알을 부착시킬 수 있는 수초가 있는 비교적 얕은 곳이 좋다. 흐린 물의 깊은 곳에서는 절대로 산란하지 않는 습성을 지니고 있다.

미꾸리는 알을 낳기 전에는 우선 구애행동(求愛行動)을 하게 된다. 이것은 산란기 비가 멎은 이른 아침에 논에서 흔히 볼 수 있다. 일반적으로 이 시기의 수놈이나 암놈은 평상 시보다 활동적으로 서로 상대를 찾아다니며 헤엄친다. 그리하여 수놈이 암놈을 찾으면 곧 그 뒤를 계속 쫓아다닌다. 1마리의 암놈에게 5~6마리의 수놈이 앞을 다투듯이 뒤쫓으며 마치 끈을 이어놓은 듯이 암놈의 뒤를 따라 붙으며 전술한 것과 같은 행동을 취하게 된다. 미꾸리는 원래 매우 신경질적인 물고기로서 사람의 소리나 물체의 소리를 인지하면 곧 흙 속으로 들어가지만 이때만은 정신이 팔려서 좀체 이 동작을 멈추려 하지 않는다. 이때 어느 한 마리의 수놈이 암놈의 항문 약간 앞쪽의 배를 칭칭감고 꼬리지느러미를 위로 해서 암놈의 몸을 단단히 조인다.

[표 2-3] 미꾸리의 잉란 수   (단, 평균치)

크기(cm)	8	10	12	15	20
잉란 수	2,000	7,000	10,000	15,000	30,000

이때에 조여진 압력에 의해서 암놈 뱃속의 알은 생식구에서 물속으로 밀려 나오게 되는데 이와 동시에 수놈은 정액을 방출하여 정액으로 알을 씌운다.

이와 같은 산란행위는 순간적이며 산란기에 2~3회 반복하여 산란을 끝낸다. 그러므로 산란경험이 있는 것은 항문부근 몸둘레가 약간 잘록한 흔적을 육안으로 쉽게 발견할 수 있으며, 이 흔적은 다음해 산란기까지도 남아있게 된다.

산란기가 지나면 보다 깊고 흐린 물이 있는 곳에서 서식한다. 정자는 즉시 알 속으로 침입하여 수정을 일으켜서 미꾸리의 발생이 시작된다. 이렇게 하여 발생한 미꾸리의 알은 부근의 수초에 부착되어 발육을 시작하게 된다.

미꾸리가 알을 낳는 시기는 대체로 그 기후나 온도에 따라서 다소의 차이는

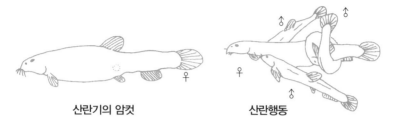

| 산란기의 암컷 | 산란행동 |

[그림 2-4] 미꾸리의 산란

있으나 대부분 남쪽지방의 경우에는 5월부터 9월까지 오랫동안 계속하며 알을 낳는 기간 중에서도 1회에 산란을 끝내는 것이 아니고 조금씩 적은 양으로 15~16회에 걸쳐서 알을 낳는 것이 보통이다. 알을 낳는 시간은 대체로 먼동이 약간 훤해지면서 즉, 해가 뜨기 직전에 미꾸리가 생각할 때 날이 밝아진다고 느낄 때부터 시작되며, 오후의 산란은 대체로 하지 않는다.

미꾸리는 월동(越冬)의 습성을 가지고 있다. 미꾸리가 겨울을 지내는 시기는 그 환경이나 수온의 높낮이에 따라서 약간의 차이가 있으나 일반적으로 수온이 낮은 곳에서는 빨리 월동을 하게 되고 겨울을 지낸 후의 발육기간이 짧아서 성장도 늦어진다.

대체로 늦가을에 수온이 5~6℃ 이하가 되면 흙 속에 깊이 들어가서 겨울을 지낸다. 대략 10월 하순에서 3월 상순경까지 월동을 하는 기간으로 이 기간에는 먹이를 전혀 먹지도 않는다.

흙 속에서는 둥근 구멍을 만들어 몸을 구부리고 있으며 이 속에서 몸 주위에 있는 아주 약간의 습기와 흙 속에 있는 공기

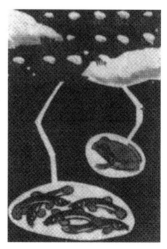

[그림 2-5] 미꾸리의 월동

로 호흡작용을 하며 생명을 유지한다. 그 깊이는 대체로 10cm 안팎인데 장소에 따라서는 드물게 30cm까지 달하는 수도 있다.

겨울에 논이나 개천이 말라서 균열되어 있어도 둥근 구멍을 발견하여 파보면 미꾸리를 잡을 수 있는 것은 이런 까닭이다.

대체로 3월 중순경부터 4월 상순 사이에 동면을 하고 있던 미꾸리는 따뜻한 온도의 감촉에 따라서 흙 속에서 나와 활동을 하기 시작한다. 더우기 이 시기에는 특별히 따뜻한 날씨에만 활동하기 때문에 잡기가 가장 쉬운 시기라고 할 수 있다. 따라서 양식 중의 미꾸리나 자연의 미꾸리를 막론하고 이 시기를 이용하여 잡아서 저장하여 두는 것도 좋은 방법이라고 할 수 있다.

동면을 하던 미꾸리가 활동을 시작하면 4월경부터 알을 낳기 시작하여 5월 하순까지 알이 깨이게(부화) 되고 부화한 새끼 미꾸리들은 6월 하순경부터 7월에서 9월까지의 3개월간에 성어(成魚)가 되므로 이 기간 중의 양식이 가장 중요한 시기라고 할 수 있겠다. 만약 이 기간 중에 완전히 성어가 되지 못한 미꾸리는 그 상태로 동면에 들어가 월동을 하게 되므로 월동장 조성에 특별히 주의하여야 한다.

제6절 발생(發生)과 성장(成長)

1. 발생(發生)

미꾸리의 알은 반점착란(半粘着卵)으로써 점착력(粘着力)이 무척 약해서 부착한 곳에서 매우 잘 떨어지며 수초 등에 부착하여 발생한다. 갓 낳은 직후의 알은 지름이 약 1mm 정도의 구형이며 약간 황색을 띠고 있어 육안으로도 쉽게 알아볼 수가 있다. 정자(精子)는 알에 비하여 매우 미소하며 수가 매우 많다.

이 정자는 담수 속으로 방출되면 1~2분간은 아주 민활하게 움직이지만 3~4분 후면 운동이 멈추어진다.

이와 같은 난의 발생은 수온이 높으면 빠르고 낮으면 늦어지게 된다. 부화 직후의 전기자어(前期仔魚:아직 어미를 닮지 않고 배에 노른자를 달고 있는 어린새끼)는 아가미가 외부로 노출되어 있으며, 전장크기가 3~4mm 정도로써 바닥에 가라 앉아서 2~3일 동안은 배에 붙은 난황으로 자라며, 이후 외부아가미는 정상으로 되고 체색도 조금씩 나타나며 차츰 먹을 것을 찾아 움직인다. 전술한 바와 같이 암놈이 수놈에게 감겨 알을 낳게 되면 동시에 수놈에게서 무수히 많은 정자가 방출된다. 그 많은 정자 중에서 오직 1개만 난문(卵門)이라고 하는 작은 구멍을 통하여 알 속으로 들어가서 수정이 된다.

그후 2~3분이면 알의 난막은 알표면에서 분리되고 난문 부근에 배반(胚盤)이라고 하는 초생달 모양이 생긴다. 수온이 18~19℃ 정도일 때, 알이 수정된 후 약 1시간이 지나면 이 배반은 2개의 세포가 된다. 이 시기를 동물학상으로 제1난할(第一卵割)이라고 부른다. 제1난할 후 약 20~30분 후마다 각 개의 세포는 제2, 제3난할을 거쳐서 세포의 수는 기하급수적으로 늘어나고 개개의 세포는 매우 미소하게 된다.

수정이 된 후 약 10시간이 지나면 미소하게 분열된 배반부분은 점차로 알의 노른자위를 싸기 시작한다. 약 14시간 후에는 노른자위가 완전하게 감싸여지는데 이 무렵에는 막대모양의 배체가 형성되기 시작한다. 약 50시간 후에는 난막안에서 배(胚)가 움직이기 시작한다. 이렇게 하여서 3~4일 후에는 차차로 새끼 구실을 하게 된다.

부화가 된 후, 치어는 주로 클로렐라, 녹조류 등의 미세한 동물과 동물성 부유생물인 윤충류 등을 잡아 먹으며 차츰 물벼룩 등 보다 큰 동물성 먹이를 먹고 자란다. 약 10일 정도 지나면 전장(全長)이 10mm 정도로 자란다. 또 약 1개월 정도 성장하면 20~30mm까지 달하게 된다.

그러나 후술하는 양식 방법에 따라 초기의 성장은 자연의 성장을 초과하여 부화 후 약 20일 정도이면 전장 9~13mm, 체중 9~33mg 정도, 약 1개월 후면 전장 35~40mm, 체중 350~400mg, 2개월 안팎이면 전장 54~57mm, 체중

800~1,000mg에 달하게 된다. 이것을 익년 봄까지 기르게 되면 전장 60~70 mm, 체중 2~4g의 새끼 미꾸리로 성장하게 된다. 이는 종묘로써 이용할 수 있으나 포획과 운반에 주의하지 않으면 운반 시에 상처를 입어 폐사하기 쉽다. 특히 전장 10mm 이하의 어린 것은 포획 시 물과 함께 떠내야 하며, 장거리 수송은 삼가는 것이 좋다.

봄에 깨어난 60~70mm 정도의 새끼 미꾸리는 7월 중순에는 전장 약 100mm, 체중 약 8g, 다시 수온이 점차로 낮아져 동면기에 접어들 때가 되면 전장 120 mm, 체중 약 15g 정도가 된다.

가을부터는 성장이 정지되고 월동 후 이듬해 봄부터 다시 성장하기 시작하여 보다 큰 것은 성숙하여 5~6월에 산란가능한 것도 있다. 가을까지 전장 10~12cm, 체중 10g 정도로 되면 수확하여 가을에서 초겨울 사이에 판매한다.

상기와 같이 약 15개월 정도가 지나면 약 10g 정도가 되며 이 체중이 다시 20g 즉, 2배 정도가 되려면 다시 약 45개월 즉, 3배의 시간이 필요하게 된다.

2. 성장(成長)

또한 치어일 때에는 암놈과 수놈의 성장의 차이는 잘 알아볼 수 없지만 수놈의 몸 길이가 약 90mm 이후부터는 암놈보다는 성장도가 늦어지게 된다. 또 미꾸리의 성장의 극대는 암놈이 전장 210mm, 체중 약 100g 정도이고 수놈은 전장 170mm, 체중 50g 정도이며 수명은 최고 22년이라고 한다. 그러나 시설과 사료 및 고도의 기술로서 미꾸리 성장의 극대의 한계는 좀 더 개선될 수 있다.

{제3장

양식(養殖)의 기본 지식과 설비

제1절 미꾸리 양식의 기본 지식

미꾸리는 뱀장어와는 달라서 인공산란이나 인공수정이 가능하며 종묘의 생산을 할 수 있다는 이점이 있다. 하지만 이것은 여러 가지 어려운 기술이 부합되어야 하므로 초보자가 쉽게 해결할 수 있는 일은 아니다.

우선 초보자라면 3~4월경에 종묘를 구입하여서 길러 보는 것이 좋다. 이렇게 하여 한 1년 정도 지식을 익혀 양식에 자신이 붙은 다음에 종묘의 생산에 착수하는 것이 좋을 것이다.

담수어의 양식 방식은 조방적 양식과 집약적 양식의 2가지로 구별할 수 있다.

첫째, 조방적 양식법은 소류지(小溜池)나 논(畓) 등의 자연수면을 이용하는 방식으로 경우에 따라 시비(施肥) 또는 투이(投餌)도 행하여진다. 조방적 양식은 수면이 본래 갖고 있는 생산력을 가능한 한 능률적으로 이용하려고 하는 것이지만 일반적으로 방사밀도가 낮아진다.

둘째, 집약적 양식이라함은 전용 연못을 만들어 물고기를 고밀도로 수용하여 급이를 하여서 일정한 수량(水量), 일정한 수면(水面)에서 가급적 많은 생산을 올리는 경영방식을 뜻한다.

초보자들은 미리 양식할 장소를 준비한 다음, 그 장소에 적합한 양의 종묘를 믿을만한 상인이나 양어자로부터 구하든가 아니면 자연산을 잡아서 사용하는 방법이 있을 것이다.

이제부터 미꾸리 양식을 하기 위한 준비단계에서부터 자세하게 기술하기로 한다.

1. 양식지(養殖池)의 위치

양식지를 선택하는 것은 매우 중요하다. 더우기 수리(水利)와는 매우 밀접한 관계를 가지고 있다.

또한 담수어(淡水魚) 중에는 송어와 같은 냉수성 어족과 잉어와 같은 온수성 어족으로 나눌 수 있다. 냉수성 어족은 맑은 물을 필요로 하고 있으나 온수성 어족은 비교적 지수(止水:멈추어 있는 물)에 가까운 상태를 좋아한다.

미꾸리는 잉어나 뱀장어, 붕어 등과 같이 햇볕이 잘 드는 양지바른 곳에 수온이 비교적 높은 따뜻한 곳의 진흙탕이나 개울의 얕은 웅덩이, 볏논, 도랑 같은 곳을 보금자리로 하고 있다.

이와 같이 미꾸리는 온수성 어족이므로 그의 적성에 알맞은 곳에 양식지를 선택하여야 한다. 동시에 그 양식지가 수원(水源)이 충분한 곳인가 아닌가도 신중히 고려하여야 한다. 따라서 산간벽지라도 햇볕이 잘 드는 남향에 있는 적당한 곳이라면 잘 자라고 번식도 용이할 것이다.

몇 가지 유의할 점을 든다면 다음과 같다.

① 수온의 순간변화(섭씨 3℃ 이상)가 큰 장소는 피해야 한다. 특히 찬물이 솟아나거나 들어오는 장소는 절대로 피하여야 한다.

② 공장지대의 주변이나 오염된 수질이 흐르는 장소는 가급적 피하는 게 좋다. 해독이 적다고 할지라도 양식에는 결코 좋은 결과를 가져올 수는 없다.

③ 가뭄이나 장마에 걱정이 없는 수원을 가지고 있는 곳이 좋다.

2. 토질(土質)과의 관계

미꾸리를 양식하는 데 적당한 토질은 점토질(粘土質)이다. 점토에도 여러 가지가 있으나 점착성(粘着性)이 강하지 않고 유기물질이 썩기 쉬운 토질이 가장 좋다고 할 수 있다.

보통의 논이나 웅덩이에 양식지를 설치할 때에는 그렇게 신경을 쓰지 않아도 별 지장은 없다. 그러나 마른 논이나 이모작의 논에 양식을 하려 할 때에는 특별히 토질에 신경을 써서 가능한 점토성의 토질을 선택할 필요가 있다.

미꾸리 양식과 토질과의 관계는 앞에서 약간 기술한 바도 있지만, 보통 양토(壤土)에서 자란 미꾸리는 몸의 색깔이 누런 색을 띠며 지방분을 많이 함유하고 비대하며, 뼈도 연약하여 맛이 매우 좋다.

그러나 사토(砂土) 또는 점토성이 적은 토질에서 자란 미꾸리는 색깔이 검푸르며 지방분이 적고 뼈만 강해서 맛도 좋지 못하다. 따라서 미꾸리 양식지의 토질로서는 점토성의 토질이 가장 좋다고 볼 수 있다.

부식토(腐殖土)라면 큰 지장은 없겠다고 볼 수 있으나 이러한 토질에서는 미꾸리에 해로운 물질인 퇴토산(堆土酸)이라는 물질을 발생시키는 수가 가끔 있다. 하지만 미꾸리의 천연적인 먹이인 실지렁이나 물벼룩 같은 미소한 동물이 번식되어 이로운 점도 있다. 따라서 이러한 토질의 흙은 일단 물을 모두 빼고 햇볕에 잘 말린 후에 적당한 양의 모래흙과 섞어서 지나치게 깊은 웅덩이가 되지 않도록 조심하면 될 것이다.

또 모래땅이나 자갈땅 등은 미꾸리의 양식에는 부적당하다고 할 수 있으나 이러한 토질에도 잘 썩은 퇴비나 기타 부식토를 섞어서 웅덩이땅과 같은 변화를 주어 미꾸리의 성장에 적합한 토질로 개량하여 사용한다면 소기의 목적은 달성할 수 있을 것이다.

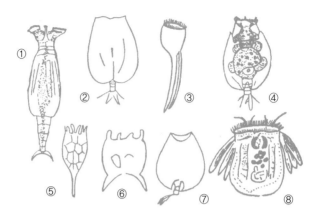

[그림 3-1] 동물성 플랑크톤(윤충)

① 로타리아　②·④ 유클아니스　③ 필리니아　⑤ 케라델라
⑥ 부라키오너스　⑦ 레파델아　⑧ 폴리아즈라

3. 수질(水質)과의 관계

　양어를 함에 있어서 가장 중요한 것이 물이라는 것은 재삼 거론할 필요조차 없을 것이다.

　우선 첫째로 수량(水量)의 문제이다. 출수에 있어서 침수할 염려가 없고 또한, 항상 충분한 양의 물을 얻을 수 있는 곳이라야 한다.

　다음은 수질(水質)의 문제인데 pH, 산소, 질소 등의 함유량이 적당하여야 한다. 사용 농약의 종류, 농약의 사용 여부 등을 조사하여 두어 적당한 조치를 하여야 할 것이다.

　pH수치 7을 기준으로 일반적으로 pH가 높아진다는 것은 알칼리성에 가까워진다는 것을 뜻하며, 반대로 pH가 낮아진다는 것은 산성에 가까워진다는 것을 뜻한다. pH수치가 7이면 중성을 뜻하는데, 미꾸리 양식에 알맞은 pH농도는 6.6, 6.8, 7.0 정도로 보인다.

물의 산성이 너무 강하거나 알칼리성이 너무 심해지면 천연적인 먹이의 번식이 약해지고 또, 미꾸리는 산과 알칼리의 직접적인 피해로 죽을 수도 있다.

대체로 개천은 질이 괜찮다고 해도 과언은 아니다. 빗물이 모여서 이루어진 것이 대부분이므로 어느 정도의 유기물과 충분한 산소를 함유하고 있으며 어느 정도의 광물질도 함유하고 있어 모든 어종의 영양상 적당한 수질을 가지고 있다.

더우기 수온도 항상 적당한 온도를 유지하고 있어서 온수성 어족에게는 가장 유리한 조건을 가지고 있는 개울물을 끌어다 사용하는 것이 보다 유리할 수 있다. 다만 유의할 사항은 주변에서의 유해한 오염물질이 유입될 가능성이 있다는 것이다.

다음으로는 웅덩이 물이 적합하다고 할 수 있다. 고인물도 원래 빗물이나 개천이 흘러들어와 고여서 된 것이므로 수온과 함유하고 있는 성분은 일반적으로 개천과 별반 차이는 없다. 다만 토질이나 장소에 따라서 약간의 차이는 있겠으나 미꾸리의 양식에 있어서는 큰 지장은 없다. 또한 산 속에서 솟아나는 샘물은 일반적으로 수온이 낮으므로 이러한 물을 양식지에 끌어다 쓸 때에는 특별한 방법을 사용하여야 한다. 어느 정도의 거리를 유지하도록 도랑을

[표 3-2] 온도에 따른 산소의 용해도

온도(℃)	산소(ppm)	산소(mℓ/ℓ)
0	14.62	10.23
5	12.80	8.96
10	11.33	7.93
15	10.15	7.11
20	9.17	6.42
25	8.38	5.86
30	7.63	5.43

주] 20.9%산소를 포함한 공기에(760mm 수은주 압력 하에) 접촉되어 있는 민물을 써서 한 것(Limnology, Welch).

설치하여 양식지에 들어오는 동안 햇볕의 영향을 받아 어느 정도 수온을 높이고 또한 많은 산소량이 물에 녹도록 하여야 한다.

미꾸리의 양식에는 수온의 높낮이가 미꾸리의 성장에 매우 큰 비중을 차지하므로 언제나 적당한 수온을 유지하도록 노력하지 않으면 안된다. 미꾸리는 온수성 어족 중에서도 비교적 좀 더 높은 온도를 필요로 하며 성장기에 수온이 상승하지 않으면 충분한 성과를 얻을 수 없다.

수온이 급상승하였을 때는 스스로 흙 속으로 파고 들어가 온도를 조절하기도 하지만 이것도 한도가 있는 것이다. 즉 37~38℃ 정도의 수온이 장시간 계속될 때에는 매우 큰 피해를 입어 폐사하기 때문에 반드시 관수(灌水)를 하여서 수온을 조절하는 것이 필요하다. 또한 겨울철, 낮은 온도가 계속될 때 역시 피해가 크기 때문에 될 수 있는 한 물을 많이 넣어서 추위를 막을 수 있는 준비

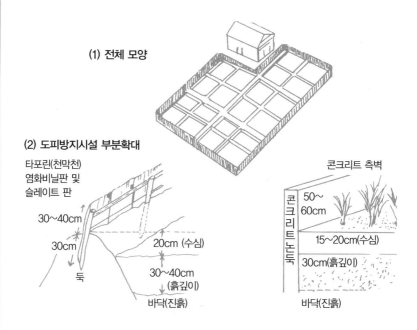

(1) 전체 모양

(2) 도피방지시설 부분확대

[그림 3-2] 양어장 도피방지 시설

가 필요하다. 그리고 봄이나 가을에는 될 수 있는 대로 물의 양을 적게 조절하여 놓으면 수온이 저절로 상승하여 미꾸리의 성장에 좋은 효과를 볼 수 있을 것이다.

한 가지 부연하여 설명할 것은 양식지의 물은 어느 정도 조금씩이라도 움직임이 있는 것이 좋다는 점이다. 그 이유는 물이 계속하여 고여 있으면 자연히 부패하게 되므로 탄산가스나 메탄가스, 아황산가스, 황화수소, 암모니아 등을 발생하게 되어 수질을 악화시켜 미꾸리의 건강에 지대한 영향을 주게 되기 때문이다. 그러므로 이러한 폐해가 일어나지 않도록 세심히 유의하여 양식지를 설치하여야 할 것이다.

제2절 부화조(孵化槽)의 설치

미꾸리의 종묘를 생산하는 데 있어서 제일 중요한 것은 바로 이 부화조를 설치하는 일이다. 부화조란 미꾸리 알을 인공적으로 수정시켜 부화 후 약 10일된 치어를 생산하기 위한 미꾸리 양식에 있어서 필요불가결한 기본 설비이다. 이하 부화조의 종류에 따라 상세히 설명하고자 한다. 초보자는 다음 부화조의 종류 중에서 가장 손쉬운 것을 택하여 설치할 수 있을 것이다.

1. 간이 부화조

제일 간단한 방법 중의 하나이다. 농가 등에서 간단하게 마련할 수 있는 나무상자의 안에 비닐을 깔아 놓으면 경비를 들이지 않고 또한 이동이 용이한 부화조를 만들 수 있다. 다만, 비가 왔을 때 물이 넘쳐 흘러서 치어가 도망칠 위험이 있고 또한, 너무 소형이기 때문에 부화 후 5일이 지나면 새로이 마련된

치어 양식지로 옮겨야 하는 번거
로움이 있다. 그밖에 바닥을 비닐
로 깔았기 때문에 구멍이 뚫어지
기 쉬우며 또한 누수의 염려가 있
다는 단점이 있다.

[그림 3-3] 간이 부화조

비닐

나무상자

　초보자는 처음부터 대대적으로
설비하느니 보다는 오히려 이런
간이 부화조를 공부하는 것이 보
탬이 될 것이다.

2. 양철제 부화조

　양철로 미꾸리 전용의 부화조를 만들고 안쪽에 페인트칠을 하여 사용한다.
폭 80㎝, 길이 3m, 깊이 25㎝ 정도로 만들고 상부에는 급수관을 마련하여 항
상 새 물을 주입할 수 있게 하고, 또한 밑바닥과 접하는 것에는 남은 물이 자연
적으로 버려지도록 밑에서 약 15cm 높이의 측벽에 배수구를 마련하면 된다.
또한 밑바닥에는 또다른 배수구가 또하나 마련되어 있어 그 부근은 반대쪽보
다 조금 낮게 설치한다.

　이 배수구는 미꾸리 양식지에 연결하고서 배수구를 열어 놓으면 자연적으
로 양어지에 치어가 옮겨지게 된다.

　이 양철제 부화조는 콘크리트제 부화조보다는 경비가 절약될 뿐만 아니라
이동도 간편한 이점도 가지고 있지만 내구성이 좀 짧은 것이 단점이다.

3. 콘크리트제 부화조

크기는 현장에 따라 조금씩 다르지만 폭은 이 경우에도 1m 이내로 하는 것이 관리에 편리하다. 반영구적으로 사용할 수도 있으나 처음 사용할 때에는 물로 울거내어 충분히 시멘트 독을 제거하지 않으면 안된다. 이와 같은 부화조 바닥에 흙을 까는 경우도 있고 깔지 않는 경우도 있으나 모두 장단점이 있다.

즉, 흙을 넣고서 부화할 경우에는 치어의 생육속도가 흙이 없는 경우보다 빠르다. 하지만 흙을 넣지 않았을 경우는 치어를 양식지로 옮길 때 밑바닥의 배수구만 열어 놓으면 용이하게 치어를 유출시킬 수 있지만, 흙을 깔았을 경우는 치어가 흙속으로 들어가 버리기 때문에 양식지에 옮길 때는 매우 곤란한 경우가 많다.

어느 경우나 치어를 양식지에 옮긴 후에는 재차 인공수정을 하여 다음 종묘를 얻어야 하므로 치어는 한 마리도 남김없이 잡아서 양식지로 옮겨야 한다. 그런 면에서는 차라리 흙을 넣지 않는 경우가 좋다고 볼 수 있다. 그리하여 치어의 육성은 별도의 양식지로 옮긴 다음 생육정도를 체크하는 것이 바람직할 것이다.

4. 논을 이용한 부화조

양식지로서의 논이나 부화지로서의 논이나 모두 관리하기에 편리하도록 작은 구획으로 나누어서 구분하는 것이 좋다. 이때 한 구획의 면적은 2~3평 정도가 가장 알맞다.

부화지는 말할 것도 없이 위생상으로 햇볕이 잘 들어오고 수온을 자유롭게 조절할 수 있는 장소가 좋으며 수심은 12~15cm가 적당하다. 가령 수심이 너무 얕으면 외부 교접에 따른 치어들의 운동에 지장이 있으며, 반대로 수심이 깊으면 수온이 낮아지게 되어 미꾸리의 생리적인 변화가 생겨 오히려 산란이 늦어지는 경우가 있다.

또한 장소는 편안하고 조용한 곳이 좋다. 미꾸리 역시 알을 낳는 동안에는 다른 동물과 마찬가지로 편하고 조용한 장소를 찾게 되므로 미꾸리에 공포심을 주지 않도록 조심하지 않으면 안된다.

그리고 미꾸리를 해치는 적의 침입을 막는 데에도 유의하기 바란다. 특히 개구리나 족제비를 막는 방법으로써는 사방 주위의 둑에 송판으로 막는 것이 좋으며, 공중에서 날아드는 적을 막기 위하여 부화지의 상부에 그물을 쳐두면 안전할 것이다. 부화지의 면적은 얼마되지 않으므로 적은 경비로 안전하게 설비할 수 있다.

5. 웅덩이를 이용한 부화조

웅덩이를 부화지로 응용할 때에도 설비를 하는 것에는 양식지를 그대로 이용하여도 큰 지장은 없지만 다만 웅덩이 안에 적당한 시설을 하는 것이 좋다.

즉 같은 웅덩이라도 장소에 따라서 각기 알맞은 적당한 이용방법을 구상하지 않으면 안된다. 논의 근처에 연결되어 있는 웅덩이라면 수리(水利)관계는 말할 필요없이 편리하겠지만 장소에 따라서는 배수관계가 몹시 불편해 양식지, 더우기 부화지로서는 상당한 설비를 요하게 된다.

대부분의 웅덩이에는 수면에 수초가 있기 때문에 여기에서 완전한 산란과 부화를 하려면 적당한 시설을 하여야 할 것이다. 즉, 먹이를 주는 장소, 가령 주위에 나뭇잎이 붙어 있는 나뭇가지를 울타리로 만들어 줄 수 있는데 먹이를 주는 장소의 주위에 1m 정도의 간격으로 나무기둥을 세워 수면에서 아래로 약 6~9cm까지 엮어서 물속에 잠기게 한다. 이러한 시설을 하면 수초나 나뭇잎에 잡풀 등이 엉기게 되어 자연히 미꾸리가 알을 낳는데 편리하게 됨과 동시에 미꾸리들이 나무울타리 안으로 모여 먹이를 주기도 좋고 잡아내기도 편리하다.

6. 그물활어조를 이용한 부화조

그물문의 그물활어조는 단면적 1.8㎡, 깊이 50~60㎝ 정도 연못 속에 설치하고 그 안에 선반을 마련한다. 알을 적당한 장소에 부착시키고 이것을 활어조 속의 선반에 늘여 놓는다. 연못에는 일정량의 물을 계속 주입하여 연못물의 청정이 지속되도록 유의하여야 한다.

이러한 방법의 경우에는 부화 후에는 선반이나 어소를 제거하고 초기의 사육은 활어조 안에서 하게 되므로 먹이의 주입과 길들이기에 효과적일 뿐만 아니라 치어의 포획에 매우 편리하다는 이점이 있다.

그물코가 40메시 이하에서는 부화 직후의 치어가 빠져 나갈 우려가 많고, 그물코가 너무 작으면 물의 유통이 나빠지므로 부화 직전까지는 코가 큰 활어조를 사용하고 그후에 그물코가 작은 곳으로 옮겨서 부화하는 것이 좋다.

7. 유수식 부화조

채란에서 부화까지 폐사하는 알의 비율이 때에 따라서는 수십 퍼센트에 이를 경우도 있다.

이 유수식 부화조에는 매 1분마다 3ℓ의 물을 주수했을 경우 주수구나 배수구의 물속에 함유되어 있는 산소량은 5.42~5.87ppm 및 5.10~5.64ppm 정도이기 때문에 부화에는 아무런 지장이 없으며 이 정도의 주수량으로는 부착기에서 떨어져 나가는 알이 매우 적다.

알은 불투명유리로 만든 부착기에 부착시킨다. 부착기의 크기는 세로 28.5㎝, 가로 18㎝이며 부화조 1구획에 10매, 1개의 부화조에는 3구획, 30매가 수용된다. 부착기에는 1매에 약 2,000개 전후의 알을 부착시키게 되므로 1조의 부화조에는 약 60,000개의 알을 수용할 수 있는 능력을 지니게 된다.

주의할 것은 수생균(水生菌)의 예방으로 부화조의 마라카이드그린 농도가 50만 분의 1정도가 되도록 약제를 사용하여 수시로 소독을 하여야 한다는 점이다.

8. 순환식 부화조

종래의 부화조는 대개 적당한 부착기에 부착시킨 알을 부화조에 부착하여 부화시켰다. 그러나 미꾸리 알의 부착력은 매우 약하므로 수정 후에는 적당한 처리를 해서 이것을 제거한 후에 순환식 부화조에 수용한다.

이 부화조의 바닥에 마련한 통기구멍에서 상승하는 기포를 따라 물이 천천히 순환한다. 따라서 알이 용기 내의 한 군데에 모이는 일은 없다. 결국 같은 양의 물에서도 다수의 알을 수용할 수 있고 수생균의 피해도 적어진다.

알의 부착력은 다음과 같이 간단히 제거할 수 있다. 우선 양질의 점토(粘土)를 약간 물에 풀어 넣는다. 이 점토를 섞은 물을 휘저어 이 속에 수정한 알을 가급적 덩어리가 지지 않도록 넣는다. 이렇게 해서 점토물 속에 충분히 담갔던 알을 물에 씻으면 된다.

이러한 방법으로 처리한 약 2,000여개의 알을 용량 30ℓ의 순환식 부화조에 넣고서 부화율 50~70%의 효과를 보았다. 이 경우 부화조 안의 물만을 순환시켰으나 이 부화조는 주수구에서 신선한 물을 보급하면서 순환시킴으로 더욱 대량의 알을 수용할 수도 있다. 또한 소독을 주기적으로 할 경우에는 매우 효과적이다.

제3절 시설형태별 양식시설

미꾸리의 양식지는 수원(水源)이나 수리(水利)관계, 토질(土質)의 상태 등 양식에 필요한 모든 조건을 면밀히 검토하여 설치하지 않으면 안된다.

또한 양식지의 장소는 여름철에는 서늘하고 겨울철에는 바람이 적고 양지바른 곳에 설치하며 흘러가는 개울물이 들어올 수 있는 곳이라면 더할 나위가 없다. 흐르는 개울물에는 산소함유량도 충분하고 먹이도 풍부하므로 여러 가지 경제적 부담을 줄일 수 있는 좋은 조건이 될 수 있다.

따라서 대부분의 양식지는 논이나 웅덩이 같은 곳을 이용하게 되는데 미꾸리 양식법은 담수어 중에서도 특히 온수성 어족인 잉어, 붕어의 양식법과는 매우 다른 점을 알 수 있다.

즉, 미꾸리는 교묘한 방법으로 쉽게 도망치는 재주를 가지고 있다. 흙 속에서 묻혀서 살고 있으므로 논이나 웅덩이를 막론하고 수면을 따라서 도망치거나 땅밑으로 파고들어 도망치는 수도 많다. 그러므로 이 점에 특별히 유의하여 물의 깊이, 수온, 토질과의 관계 등을 미꾸리의 특성에 맞추어 적당히 인공적인 설비를 하지 않으면 안된다.

상기에 기술한 바와 같이 여러 가지 주의점에 유의하여 특설 양식지나 웅덩이 혹은 논을 이용하는 경우를 생각하여 자세하게 설명하기로 한다.

우선 양식지를 설치하기 전에 특히 주의할 점을 몇 가지 알아보자.

① 주위의 방벽을 완벽하게 설치할 것.

미꾸리를 양식할 때 가장 주의를 기울여야 할 것은 주위를 허술하게 설비하여 미꾸리가 쉽게 양식지에서 도망을 치는 일이 없는가 하는 점이다.

논에서 아무런 설비를 하지 않고 양식하여 수확을 하는 경우에 비하여 주위를 콘크리트로 방벽을 설치하는 경우는 무려 20% 이상의 양식수확을 더 올릴 수 있다. 대부분의 양식자들이 설비를 게을리하여 미꾸리 양식에 실패하고 있음을 우리는 흔히 볼 수 있다. 논이나 웅덩이를 막론하고 주위를 막는 시설이 완전하지 않으면 곤란할 것이다.

② 경제적으로 설비를 할 것.

미꾸리를 도망치지 못하도록 설비하는 것도 중요하지만 지나치리 만큼 엄청난 설비를 하는 것도 경제상 곤란하다. 따라서 값이 싸고 실용적으로, 양식자의 창의적인 고안에 따라서 도망치지 못할 정도의 경제적인 설비를 하는 것도 매우 중요하겠다.

③ 관리하기 쉬울 것.

손쉽게 관리할 수 있도록 하는 것이 유익하다는 것은 말할 필요도 없을 것이다. 양식자의 주거 장소에서 가까울수록 좋을 것이며 모양을 직사각형으로 만들어 관리하기에 편하도록 고안하여야 한다.

특히 미꾸리의 양식은 다른 양어와는 달라서 비오는 날의 관리가 철저하여야 한다. 자주 주위를 살펴보아 물이 넘치지 않도록 손을 보아야 하며, 불안전한 곳은 즉시 수리를 하여서 미꾸리가 도망치는 일이 없도록 해야 할 것이다.

④ 외적으로부터의 보호를 철저히 할 것.

미꾸리 혼자서 도망치는 것도 막아야 할 것이나 외적 특히 날짐승으로부터 보호를 철저히 하여야 할 것이다.

양식지의 공중에는 망을 듬성듬성 엮어서 새들로부터 보호를 하여야 할 것이며, 도난의 방지도 생각해 둘 필요가 있을 것이다.

1. 일반적인 양식지(養殖池)의 설치

일반적인 양식지를 설치하는 데는 미꾸리를 도망치지 못하도록 완전한 설비를 하여야 한다. 물의 상수면은 물론 땅밑으로도 도망치지 못하도록 30~60 ㎝ 정도까지 판자나 함석 또는 시멘트 콘크리트로 막아야 하고 물의 상수면은 'ㄱ'자 모양으로 판자를 막으면 거의 안전하다고 할 수 있겠다.

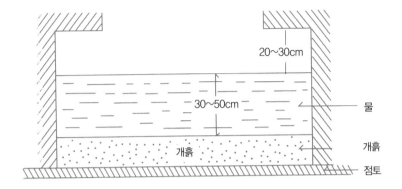

20~30cm

30~50cm

물

개흙

개흙

점토

[그림 3-4] 미꾸리 못(단위:cm)

이와 같은 일반적인 양식지를 만듦에 있어서는 밑바닥의 흙을 파내어 주위의 둑을 올려 쌓은 다음 안쪽으로는 돌로써 석축을 쌓거나 콘크리트 혹은 판자로 울타리식으로 막는 것이다.

주위의 방죽 높이는 설치하는 장소에 따라 약간의 차이는 있겠지만 상부는 항상 1m 정도 수면 위로 올라오게 하며 수면 밑으로는 60㎝정도로 하여 전체의 높이가 1.6m 정도가 필요하다.

또한 전체의 넓이는 양식지의 넓이에 따라 정해지겠지만 60㎝~1m 정도로 하여 상부와 하부의 기울기는 적당하게 쌓아 올리면 되겠으나 점토의 경우는 3~4배 정도, 사토의 경우라면 5~6배로 정도가 가장 알맞다고 볼 수 있다. 또한 둑의 기울기는 둑의 높이나 재질에 따라 결정될 수 있는 사항이다. 가령 석축이나 콘크리트 재질의 경우에 있어서는 직각이라도 상관 없으나 점토일 경우 45°, 사토일 경우에는 더욱 완만하여 30~40°가 적당하다고 할 것이다.

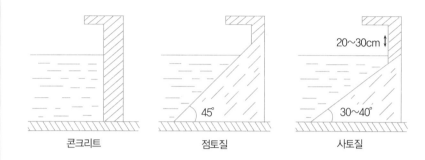

콘크리트   점토질   사토질

20~30cm

45°   30~40°

[그림 3-5] 둑의 기울기

다음에 양식지 표면에는 물결의 흔들림이나 물고기나 개구리 등의 움직임에 의하여 허물어질 수 있으므로 내부에는 송판이나 기타의 재질을 사용하면 안전하다고는 할 수 있겠으나 그 둑 전체를 안전하게 하기 위하여는 둑의 표면에 잔디나 풀의 떼를 심는 것이 전체적으로 안전하다고 할 것이다.

만약 사토성(砂土性)의 흙이라면 점토성(粘土性)의 흙보다는 점성(粘性)이 매우 약하므로 처음부터 잔디나 떼를 한 줄 깔고 다시 흙을 까는 식으로 번갈아 쌓는 것이 안전하다고 할 수 있다.

판자를 사용하여 둑을 형성할 때에는 수면 위로 30~60㎝ 정도 나오도록 하고 수면 밑으로도 역시 30~60㎝ 정도 묻히게 하여야 한다. 재료는 삼(杉)나무가 좋기는 하겠으나 구하기 힘드므로 잡목이나 소나무에 콜타르를 칠하여서 사용하면 오래 견딜 수 있다.

이렇게 하여 설치된 양식지에 이제 수문(水門)을 설비하여야 할 것이다.

수문의 모양도 양식지의 모양에 따라 다소의 차이는 있을 수 있겠으나 보편적으로 우물정(井)자 모양으로 1~2m 정도의 송판으로 만들고 역시 콜타르를 칠하여서 수명을 연장시켜야 할 것이다.

양식지의 인수구(引水口)와 배수구(排水口)에는 모두 철그물(철사로 된 망)을 설치하여 미꾸리의 도망을 방지하고 또한 찌꺼기도 거를 수 있도록 설비하여야 한다.

또한 물의 깊이는 항상 30~50㎝ 정도를 유지하는 편이 가장 적당하며 수면의 하부에는 약 15㎝ 정도의 진흙을 덮어 주면 미꾸리가 파고 들어가 생활하기에 적당할 것이다.

2. 자연의 웅덩이를 이용한 양식지

자연적으로 생긴 웅덩이든지 아니면 인위적으로 만든 웅덩이든지 그러한 것을 이용하여 양식을 할 때에는 일반적인 양식지에서 설명한 바와 같이 미꾸리가 도망치지 않도록 하고 물의 인입구와 배수구를 잘 고안하여 설치하여 준다면 별다른 이상 없이 간단한 양식지를 마련할 수 있다.

다만 미꾸리 양식지의 물의 깊이는 너무 깊으면 미꾸리를 기를 수 없으므로 물의 깊이가 60㎝ 전후 수위를 조정하여 양식하지 않으면 안된다.

일반적으로 미꾸리는 뱀장어와 유사한 성질을 갖고 있어 절대로 깊은 곳에서는 활동을 하지 않으며 항상 얕은 곳만을 찾아서 이동하며 산다.

특히 4~5월경 산란기에 이르러서는 얕은 곳을 찾아 물을 거슬러 올라가기 시작한다. 일단 상류로 올라간 미꾸리는 절대로 깊은 곳에서는 살지 않으며 모두가 잡풀에 의지하거나 개울가나 연못의 변두리에서 얕은 곳을 찾아 알을 낳아 번식하는 것이다.

따라서 일반적인 양식지가 아닌 웅덩이에서 양식할 경우에는 항상 수심을 염두해 두어야 하는데 그런 주의를 갖고 앞에서 설명한 것과 같은 설비를 한다면 큰 실패는 없을 것이다.

이러한 자연적인 웅덩이에서 양식을 할 경우에는 노력이나 경비에 있어서 다른 양식지에 비하여 그만큼 절감할 수 있는데 초보자에게도 비교적 성공하는 확률이 높으므로 권장할 만하다.

3. 논을 이용한 양식지

　보통의 논을 자연 그대로 이용하여 미꾸리의 양식지로 이용하려 할 경우에는 논둑의 안쪽 주위는 물론 밑바닥까지 나무판자나 콘크리트로 막아야 한다. 또한 물의 주입구나 배수구 역시 일반 양식지와 다름없는 설비를 하여 미꾸리가 도망치는 일이 없도록 철저히 설치해야 한다.

　논을 이용할 때에는 가을철 추수가 끝난 후에 양식지로 이용할 수 있도록 논둑을 쌓아 올린다. 논둑의 높이는 30~35cm 정도 쌓아 올리면 적당하나 그 이상으로 물이 고일 때는 40cm 이상 높게 쌓아 올려야 할 것이다. 또한 물이 논둑 위로 넘쳐 흐를 염려가 있을 경우에는 나무판자 같은 것으로 그 주위를 높게 둘러쳐서 도망을 방지하여야 한다.

　이렇게 논둑을 쌓아 올렸다 하더라도 다음해 3월경에는 다시 한번 논둑을 정리하여 둘 필요가 있다. 또한 논바닥에는 여기저기 약간 깊은 장소를 마련하여 수온이 급상승할 경우 피할 수 있는 장소로 이용할 수 있도록 하는 것이 좋으나 그 전체 면적의 10%가 넘으면 곤란하다.

　그리고 논의 중앙 부분에 깊이 40~45cm 정도의 작은 못을 만들어 만약의 경우 저수못으로 사용할 뿐만 아니라 미꾸리를 잡는 장소로도 이용할 수 있도록 한다. 전체 논의 면적의 약 10% 정도가 저수못으로 형성될 수 있다. 이 저수못은 번식이 끝난 다음에 언제든지 미꾸리를 잡을 수 있도록 구분을 두어서 가지런히 설비를 하여야 할 필요가 있다.

　다른 부분의 면적에는 모를 빽빽히 심는 것이 미꾸리의 양식에 도움이 된다. 즉, 빽빽하게 모를 심는 것은 미꾸리에게 좋은 영향을 줄 수 있다. 그 이유는 가을철에 벼꽃이 필 즈음에 논의 흙이 잘 썩어 있고 벼도 충분히 양분을 섭취한 후이므로 미꾸리의 생활이나 번식에 가장 적당한 장소를 제공하게 된다. 또한 모가 많이 심겨져 있어서 땅이 굳지를 않으므로 미꾸리의 생활에 아주 적당하여 여러 가지 이점이 있다.

　만약 이 저수못의 밑바닥이 사토질이거나 참땅일 경우에는 약 12~15cm 정도의 진흙을 깔아 두는 것이 좋다. 이 장소는 미꾸리가 계속 생활하는 것이 아니라 가물었을 때 일시적인 피난 장소로써 또, 먹이를 편리하게 줄 수 있는 장소로, 미꾸리를 쉽게 잡아낼 수 있는 적당한 장소가 되는데, 이에는 별다른 장치나 설비는 필요가 없다.

미꾸리는 일반적으로 봄에 부화하여 그해 가을에 6cm 전후로 성장하고, 이 듬해 초여름에는 9cm 전후로 자라고 그해 가을 무렵에는 식용으로 보급할 수 있을 만큼 성장한다.

종래의 미꾸리 양식에 있어서는 천연산의 치어 즉 새끼 미꾸리를 채집, 방 사하여 상품이 될 때까지 비육하여 왔다. 종묘 즉, 치어(稚魚)의 조달은 천연산 에 의존해 왔으나 이제는 농약 등의 영향으로 천연산의 치어채집에 많은 곤란 이 따르게 되었다.

그러나 다행히도 미꾸리의 인공채란 기술이 발달하여 인공적으로 생산한 미꾸리 종묘를 구입할 수 있는 단계에 이르렀다. 따라서 치어를 마련하는 방 법을 살펴보면, 자연산 채집의 방법, 시장에서의 치어구입, 천연산란 및 부화 로 얻는 방법, 인공채란 및 부화로 얻는 방법 등이 있다.

그러나 이 중 천연산 미꾸리 치어를 마련하는 것은 미꾸리 서식지의 축소 등으로 곤란한 점이 많다. 물론 천연산 치어를 육성하는 것도 묘미는 있겠으 나, 종묘의 생산시기나 그 수량이 불안정하여 계획적인 양식에는 불안감의 우 려를 떨쳐버릴 수 없을 것이다.

따라서 적기에 공급할 수 있고, 그 수량도 안정되게 공급할 수 있는 인공채 란 및 수정에 의한 양식이 크게 호평을 받고 있다. 인공채란 및 수정의 방법으 로는 개구리의 뇌하수체호르몬에 의한 것과 추출 호르몬에 의한 방법이 있는 데 다음 이 두 가지 인공수정기술에 관하여 알아보기로 한다.

제1절 어미의 준비

먼저 종묘생산에 필요한 친어를 3~4월 중에 확보한다. 미꾸리 친어는 평균체중이 15g 전후의 큰 것이 좋으며, 채란은 5~6월에 하는 것이 좋다. 먹이는 어체중량의 2% 전후로 급이하되 먹는 것을 보아가며 오전, 오후로 나누어 준다.

사료는 시판되고 있는 잉어 분말사료와 뱀장어 분말사료를 절반씩 혼합 반죽하여 떡밥으로 하여 플라스틱 그릇 등에 담아서 놓아준다. 사료는 저단백질의 것에 수초라든가 채소 등을 혼합한 것이 좋다.

친어는 암수를 분리 수용하여 밀도를 높지 않게 ㎡당 미꾸리 15~20마리쯤으로 방양하여 수용환경을 좋게 한다.

부적합한 환경에서 장기간 사육하게 되면 산란성적이 좋지 않고, 때로는 복부가 단단해지면 전혀 산란용 어미로 이용할 수 없게 되는 경우도 있으므로 주의하여야 한다.

미꾸리를 인공수정하는 데 있어서 가장 중요한 것은 어미의 암수를 구별하는 방법이다. 채란을 계획적으로 하기 위하여는 암, 수를 감별하여 분리 수용하는데 암, 수를 구별할 수 있는 것은 가슴지느러미이다.

[표 4-1] 암·수의 구별

수컷(♂) 특징	암컷(♀) 특징
① 몸은 비교적 작다.	① 몸은 비교적 큰 편이다.
② 체형은 원추형 같은 방추형이다.	② 체형은 원통형 같은 방추형이며 복부가 발달.
③ 가슴지느러미는 비교적 크며 끝단이 방 빗자루형으로 되어 있다.	③ 지느러미는 일반적으로 작고 특히 가슴지느러미가 작은데 전단이 둥글어 예쁘다.
④ 등지느러미의 발단양측에 육질이 툭 튀어나온 살점이 보인다.	④ 등지느러미의 말단에는 튀어나온 살점이 없다.
⑤ 산란기에도 복부가 비대하지 않고 민숭하다.	⑤ 산란기에 있어서는 복부가 현저하게 비대하여 동그스름하다.
⑥ 거동이 활발하게 헤엄치며 도망가는 데도 동작이 극히 민활하다.	⑥ 거동은 수컷에 비하여 다소 느린 편이며 도피 동작도 민활하지 못하다.

수컷은 가슴지느러미가 크고 끝이 뾰족하다. 이와 반대로 암컷은 가슴지느러미가 짧고 끝이 둥글게 되어 있다. 또 수컷은 등지느러미의 좌우 양쪽이 약간 융기한 듯하여 위에서 보면 불룩하고, 산란한 경험이 있는 암컷은 항문 앞 부분의 허리가 약간 잘룩하게 들어가 있어 산란 시 수컷이 감았던 흔적이 있으며, 그 외 암수구별의 특징은 [표 4-1]과 같다.

호르몬 주사를 하기 전에 우선 알아야 할 것은 산란이 가능하다고 생각하는 암놈을 엄격히 선정하는 일이다. 인공채란에서 성공의 비결은 바로 여기에 있다고 해도 무리는 아닐 것이다.

여기에는 다음 3가지 점에 특히 유의하여 암놈을 선정하여야 한다.

<u>첫째,</u> 복부에 붉은 기운이 있고 투명감을 주는 것.

<u>둘째,</u> 복부가 부드러운 것.

<u>셋째,</u> 배가 부풀어 있고 약간 밑으로 처진 느낌이 있는 것.

어미 미꾸리는 자연에서 채집한 것이나 혹은 양어장에서 구한 것이 좋다. 시장이나 기타 점포에서 구한 미꾸리는 운송 도중에 질식상태로 있거나 상처가 많이 있고 대개 오랜 저장시간에 영양실조의 상태가 계속 되었으므로 예정시간 내에는 산란이 곤란한 경우가 많다.

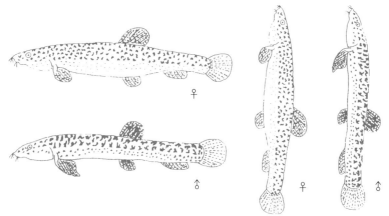

[그림 4-1] 미꾸리의 암·수의 외부모양

어미로서는 암수 모두 체장이 10cm 이상이 바람직하며 도망하지 못하게 못의 주위에 도피방지시설을 하여 관리한다. 이 경우 1마리의 암놈에 대하여 수놈은 2~3마리를 넣어 산란율을 높인다. 수놈은 일반적으로 대형의 것이 구하기가 힘드므로 10cm 이하의 수놈을 사용할 경우가 많으므로 암놈에 비해 수놈이 여러 마리가 필요하게 된다.

못의 크기는 관리에 편리한 크기로 수컷을 먼저 넣고 2일 후에 암컷을 넣는다. 이때 암컷의 포란상태가 양호하면 2~3일 후에 산란한다.

만약 산란되지 않으면 산란지의 수온보다 5℃ 정도 낮은 지하수를 넣어주거나 반대로 높이면 자극을 받아 산란하는 것을 볼 수 있다. 산란지의 수질은 pH6.8 전후가 좋으며, 알칼리성 수질에서는 산란하지 않는다.

산란지는 암·수 어미 미꾸리를 넣기 전에 깨끗한 물을 2~3일 전에 넣어두면 햇빛을 받아 친어못의 수온보다 3~4℃ 이상 높아진다. 여기에 친어를 넣으면 자극을 쉽게 받으므로 산란을 촉진시킬 수 있다.

암수를 배합한 후에는 주위를 조용하도록 안정시키고 물버들 뿌리, 종려나무 껍질, 스페니쉬모스, 부드러운 짚 등 자연상태의 수초 비슷한 모양으로 만든 알받이를 바닥에 깔아준다.

만약 4~5일 경과하여도 산란하지 않으면 알받이에 잘 붙지 않으므로 가만히 꺼내어 물때를 씻어낸 후에 다시 넣어준다.

자연상태에서는 비가 오면 다음날에는 산란하는 것을 많이 볼 수 있다. 이와 같은 자연산란 방법은 현재까지 계획적인 양식용 종묘생산방법으로써 확실한 방법이 되지 못하고 있다.

입수한 어미 미꾸리는 가급적이면 3, 4일 내에 빨리 사용하는 것이 중요하다. 수온 20℃ 이상에서 장기간을 축양하게 되면 복부가 굳어지게 되어 솜을 뒤집어 쓴 것 같은 갯솜병(線被病) 비슷한 증상이 생겨 많은 어미를 죽이는 수가 많다. 부득이 하여 장기간 축양하여 가두어 둘 경우에는 항생물질인 테라마이신(Teramycine), 크로마이신(Chloromycetine) 등을 1ℓ의 물에 10mg 정도 용해한 수용액 속에 1~2일 동안 넣어둔다. 그 후에도 수시로 이러한 방법으로 살균을 계속하여 주면 어느 정도 발병을 예방할 수 있게 된다.

제2절 뇌하수체(腦下垂體)를 이용한 인공채란과 수정

미꾸리는 자연적인 산란기간 중이라고 하더라도 산란을 유발시킬 수 있는 몇 가지의 조건이 구비되지 않는 이상은 자연상태에서는 결코 산란하지 않는다.

즉 미꾸리는 산란할 수 있는 여러 가지 조건이 구비되어야만 미꾸리의 뇌하수체에서 분비되는 호르몬의 작용에 의해 난소가 자극되어서 성숙되어 산란을 시작하게 되는 것이다.

이러한 원리를 이용해서 미꾸리의 암놈에게 개구리의 뇌하수체에서 채취한 호르몬을 주사하여 인공적으로 산란을 유발시키는 것이 바로 인공채란 및 수정의 방법이다. 그러나 이 방법도 동물에 따라서 그 뇌하수체가 미꾸리에 유효한 것도 있고 또, 아무런 효과가 없는 것도 있다. 많은 학자들에 의해서 시험되고 개발된 바에 의하여 지금까지 보편적으로 사용되는 방법은, 개구리의 뇌하수체를 이용하는 인공채란 및 인공수정이다.

그 이유는, 개구리는 다른 동물에 비해 비교적 다량으로 입수할 수가 있고, 그 몸통에 비해 뇌하수체가 크기 때문이다. 또한 개구리의 뇌하수체에서 채취한 호르몬은 타 동물에 비해 미꾸리의 산란에 특히 효과가 크기 때문이다.

개구리는 어느 종류의 개구리를 사용하더라도 그 효과는 마찬가지이다. 개구리는 분포 범위가 광대하여 대부분의 지역에서 잡을 수 있으나 뇌하수체를 채취하기는 상당히 어려운 작업이며 또 상당한 양이 필요하다.

1. 개구리의 뇌하수체 채취법

뇌하수체(腦下垂體)란 뇌의 아래쪽에 있으며 간뇌(間腦)에 부착되어 있는 아주 작은 조직이다. 우선 되도록 큰 개구리를 선택하여 에테르이나 아세톤 등의 마취제를 사용하여 마취시키거나 혹은 침으로 뇌를 찔러서 죽인다.

개구리의 입을 크게 벌려서 아래턱과 위턱 사이에 해부용 가위의 한쪽 날을 넣고 좌우눈보다 약간 뒷부분에서 일직선으로 절단하고 눈이 붙어 있는 쪽은 제거해 버린다.

아래턱을 왼손으로 잡고 절개면을 자신의 앞으로 한다. 해부가위의 뾰족한 곳을 뇌의 상부 두개골 부분에 대고 찔러 넣는다. 가운데로 바로 넣으면 뇌가 상할 염려가 있으므로 주의하여야 한다.

다음에 가능한 뒤쪽으로 좌우로 삼각형이 되도록 두개골을 자른다. 두개골 속에 가위를 찔러넣어 두개부의 천정을 뒤로 젖히면 뇌가 나타난다.

끝이 가는 핀셋으로 앞쪽의 뇌수 끝을 집어 들어 올리고 뒤편으로 뒤집어 젖히면 하얀 노끈 같은 백색의 시신경이 교차되어 있는 것이 보이며, 그것보다 약간 떨어진 곳에 황백색의 광택이 나는 둥근 모양의 작은 알맹이가 보인다.

뇌의 약 십 분의 일 정도의 크기인데 이것이 뇌하수체전엽(腦下垂體前葉)이라고 불리는 호르몬샘이며 1개체의 무게가 겨우 0.188mg 정도 밖에 되지 않는다. 이것은 가위질하기에 따라 뇌에서 분리되어 하부에 남게 될 경우가 있으므로 주의하여 채취하여야 한다.

뇌하수체전엽은 크기가 작으므로 초보자에게는 쉬운 작업이 아니지만 익숙해지면 간단히 1분에 하나씩은 채취할 수 있게 될 것이다. 초보자는 가급적 큰 개구리를 사용하는 것이 좋다. 크기 때문에 쉽게 뇌하수체를 채취할 수가 있어 실수하는 율이 적다.

개구리의 종류에 따라서 뇌하수체의 색깔이 다소 차이가 있는데 식용개구리는 백색을 띠고 있으며 개구리의 뇌하수체는 황갈색을 띠고 있다. 뇌하수체를 핀셋으로 꺼내어 보면 그 아래에 백색의 소체가 부착되어 있는 경우가 있다. 이것은 뇌하수체후엽(腦下垂體後葉)이라고 한다.

채취한 뇌하수체는 아세톤(Aceton) 속에 저장시켜 상온에서 어두운 곳에 저장하여 놓으면 일 년간은 효력을 잃지 않고 보관할 수 있으며 취급도 매우 간편하나 보관이 허술하면 변질할 염려가 있다.

한편, 미꾸리의 뇌하수체를 채취하여 사용하는 방법도 점차 널리 쓰이고 있는데, 미꾸리의 뇌하수체는 다음과 같이 채취한다.

[그림 4-2] 미꾸리의 뇌하수체 위치

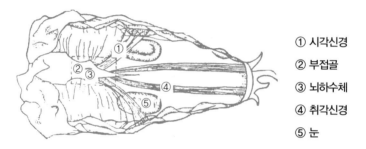

① 시각신경
② 부접골
③ 뇌하수체
④ 취각신경
⑤ 눈

[그림 4-2]과 같이 미꾸리의 두부에서 하악(下顎)을 잘라낸 후 다시 상악(上顎)의 구개점막을 떼어내면 부접골(副蝶骨)이 나타난다. 이 뼈의 중앙부에 뼈를 통해서 백색의 작은 반점이 보이는데 이것이 뇌하수체이다. 이것을 중심으로 다치지 않게 둥글게 부접골을 얇게 잘라내면 뇌하수체를 얻게 된다.

이 뇌하수체로 뇌하수체현탁액을 만들고 주사하는 등의 일련의 작업은 개구리 뇌하수체의 경우와 같다.

2. 산란주사액의 조제

이상과 같은 방법으로 채취한 뇌하수체로 호르몬액을 만들고 이것 즉, 산란주사액을 알을 밴 암컷 미꾸리에 주사하면 산란을 하게 된다.

이 산란주사액은 다음과 같이 만든다. 우선, 아세톤 속에 저장되어 있는 뇌하수체를 필요한 만큼 꺼내어 그늘에 2~3분 동안 방치하여 아세톤을 증발시킨다. 아세톤이 완전히 증발한 건조한 뇌하수체를 호모지나이저(Homogenizer) 또는 유발에 잘 갈아서 세분한다.

시판되고 있는 호르몬제로는 고나도트로핀, 푸베로겐, 시나호린 등이 있으며, 이것은 종류에 따라 약리작용이 약간씩 다른 것이지만 인공채란용으로 널리 쓰이고 있다.

이들은 각각 1,000IU, 5,000IU 단위로 포장되어 있는데 흰색의 가루형태로 병 속에 밀봉되어 함께 포장되어 있는 링겔액을 주사기로 뽑아 1㎖ 넣고 흔들어 녹인 후, 다시 2㎖용 주사기로 뽑아내어 미꾸리 복부에 주사하면 된다.

다음에는 미꾸리용 링겔씨 용액(Linger Solution)을 만든다. 미꾸리 링겔씨 용액은 미꾸리의 체액에 가까운 농도로 만든 용액을 말하는데, 다음과 같이 조제할 수 있다.

즉, 증류수 2ℓ에 식염 15g, 염화칼리 0.4g, 염화칼슘 0.8g을 잘 혼합하면 된다. 이 미꾸리 링겔씨 용액을 만드는 데 사용되는 약품은 약국에서 저렴한 가격에 구입할 수 있으므로 한번에 다량을 만들어 소독한 병에 저장하여 두고 필요할 때마다 꺼내어 쓰면 편리할 것이다.

이렇게 미세하게 으깬 뇌하수체와 미꾸리용 링겔씨 약을 준비했으면 이 두 가지를 혼합해야 하는데 이때의 비율은 10g의 미꾸리이면 뇌하수체 1개에 0.1cc의 미꾸리용 링겔씨 용액이 적당하다. 이렇게 혼합시키면 백색의 현탁한 액체가 되는데, 이를 뇌하수체 현탁액이라고 하며 이것에는 다량의 뇌하수체전엽 호르몬이 함유되어 있다. 이 뇌하수체 현탁액을 주사기에 넣어 알을 밴 암컷 미꾸리에 주입시키면 산란하게 된다.

3. 주사방법(注射方法)

주사할 장소는 내장과 근육 사이이다. 즉, 복강(腹腔)주사를 하도록 한다. 미꾸리는 미끄러우므로 우선 마른 베조각으로 미꾸리를 싸서 배를 위쪽으로 오도록 한 다음 배지느러미의 기부에 대고 체축(體軸)에 비스듬히 주사바늘을 꽂아 넣는다. 미꾸리의 뱃가죽이 약간 투명하게 되어 있으므로 육안으로도 쉽게 바늘의 위치를 짐작할 수 있으므로 주의하여서 바늘이 내장이나 근육에 들어가지 않도록 주의하여야 한다.

체내에 주사바늘이 들어가면 가볍게 좌우로 바늘을 움직여 보아서 만약 근육이 움직이면 근육 속으로 바늘이 들어간 것이므로 다시 한번 주사하도록 하면 된다. 주사량은 한 마리당 뇌하수체 2~5개분, 즉 0.2~0.5cc 정도인데 미꾸리의 크기에 따라 조금씩 가감하도록 한다.

친어 한 마리에 주사하는 호르몬의 양은 1,000IU 한 병을 1mℓ의 링겔씨 액으로 녹인 후 체중 10g의 미꾸리면 0.1mℓ를 주사하여 100IU가 주입되게 하고, 보다 큰 15~20g의 암컷에는 0.2mℓ를 주사한다.

이 양은 미꾸리 체중 1Kg당 10IU가 되며 성숙촉진에 충분한 양이라고 할 수 있다.

주사를 한 후 주사액이 항문에서 유출되는 경우가 있는데 이것은 대부분의

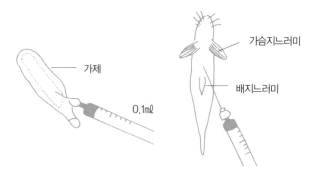

가제

0.1mℓ

가슴지느러미

배지느러미

[그림 4-3] 주사방법

경우 주사바늘이 내장에 찔려졌거나 복강 내의 압력이 증가되므로 생식강 부근의 조직이 파열되었다는 증거이다. 이럴 경우 다른 부위에 다시 주사를 하면 된다.

이때 사용하는 주사기는 주사기의 용량이 1~2㎖ 되고 눈금이 10~20개(눈금 하나가 0.1㎖) 되는 주사기 아니면 스벨크린용 주사기가 좋다. 주사기 바늘은 1/3mm의 것을 쓴다.

한편, 주사할 때 링겔씨 액의 1/5~1/10량의 5% 탄닌산 용액을 가하면 난소(卵巢)의 성숙 촉진의 효과가 좋고 주사 후 배란(排卵)까지의 시간이 단축된다.

주사를 맞은 암놈은 수놈과 격리하여 별거시키되 소형의 수조나 물통에다 수심 4~10cm 정도 깊이로 하여 둔다. 이렇게 하면 저녁 때 주사하여 온도에 따라 다소의 차이는 있으나 약 24℃일 경우 적어도 7시간 후에 암수를 합방시켜 놓으면 이튿날 아침부터 산란하기 시작한다.

그리고 사용하고 난 여분의 뇌하수체는 아세톤에 2~3시간 2~3회 아세톤을 갈아주면서 씻고 마지막으로 아세톤을 따라내고 건조시켜 냉암소에 두면 1년 간은 유효하게 쓸 수 있다.

4. 인공채란 및 인공수정

이상과 같은 방법으로 호르몬 주사를 한 미꾸리의 난소 내의 알은 갑자기 성숙하기 시작한다. 주사 후 약 8시간이 지나면 알은 완전히 성숙되어서 암놈의 복부를 손가락 끝으로 가볍게 누르기만 하여도 약간 투명하고 황갈색인 알이 흘러나오게 된다.

주사를 한 후부터 이러한 상태까지의 시간은 수온에 따라서 현저한 차이를 보이고 있는데 수온 23~25℃정도가 가장 활발한 상태를 보여주고 있다. 호르몬의 작용과 수온과의 관계는 다음과 같다.

[표 4-2] 수온과 방란

수온(℃)	방란(放卵)이 일어나는 시간
16~17℃	18~23시간
19~20℃	12~13시간
21~22℃	10시간 전후
23~25℃	8시간 전후

위와 같은 작업은 미꾸리 산란시기인 5월경에 하게 되므로 야간에 수온이 내려가지 않도록 100W용 히타를 설치하여 온도를 일정하게 유지하도록 하며, 동시에 산란공급기로 산소를 조용하게 조금씩 공급해주도록 한다.

그러나 산란이 일어나는 시간은 개체마다 주사 시의 성숙정도에 따라 다르기 때문에 한 마리씩 일일이 조사하여야 한다.

주사 후 8시간이 지나면 육안으로 보아 배가 심하게 부푼 것은 가만히 배를 눌러보아서 배란이 될 것인지를 확인해 보아야 한다.

이후부터는 1시간 이내의 간격으로 난 성숙도를 조사하여 모체 내에서 난이 과숙되는 일이 없도록 하여야 한다.

(1) 정자액(精子液)의 준비

암놈이 성숙란을 산란할 수 있는 상태가 되면 즉시 정액을 준비하여야 한다. 우선 성숙한 수컷의 머리를 절단한 후 배를 절개하여 정소(精巢)를 채취하여야 할 것이다.

정소는 성숙한 수컷의 머리를 절단한 후 배를 절개하여 창자와 간장을 제거하고 등 쪽을 자세하게 살펴보면 2개의 하얀 띠 모양을 하고 있는 것을 말한다. 정소의 채취는 등을 세로로 절개하여 채취할 수도 있다.

이 정소를 소량의 링겔씨 액(또는 0.75 생리적 식염수) 속에 넣고 여러 조각으로 자른 후 핀셋으로 지그시 짜낸다. 그러면 젖과 같은 정자액(精子液)

이 된다.

수컷 한 마리의 정자액으로 암컷 3~5마리를 수정시킬 수가 있는데, 정자액을 만드는 데 필요한 링겔씨 액(또는 0.75 생리적 식염수)은 수컷 한 마리 분에 약 50mℓ이다. 이것을 만들 때 직사광선을 피할 것과 한 방울의 물도 들어가서는 아니됨을 주의하여야 한다.

이렇게 만든 정액은 암놈 1마리에 대해 20~30cc 정도를 준비한다. 이 정액은 링겔씨 액 속에 넣어두면 약 2시간 이상 수정 능력을 유지하지만 가급적이면 만드는 즉시 사용하는 것이 바람직하다.

부득이한 경우 4℃의 냉장고나 냉암소에 저장하여 두면 10시간 정도 수정 능력을 유지시킬 수도 있다. 다만 주의할 것은 담수(淡水)가 한 방울이라도 혼입될 경우, 정액의 수정 능력은 수분 내에 소멸되므로 특히 유의하여 사용하여야 한다는 점이다.

정자를 장시간 보전하려면 GPC-5액에 넣어서 이것을 냉장고 속에 넣는다. 이렇게 하면 정자의 활력이 장기간 보전이 되는데, 수정능력은 7.4~9.4℃에서 11일간, 부화율은 보존을 시작해서 약 1주일간은 거의 일정하다.

GPC-5액은 제1액(물 1ℓ에 무수포도당 57g, 산성 인산칼리 2.8g을 탄 것)과 제2액(물 1ℓ에 인산소다 30.3g, 인산석회 0.1g, 인산마그네슘 0.1g 및 유산소다 1.7g을 탄 것)을 반반 혼합한 것이다. 여기에서 주의할 일은 본액(本液)을 조제한 후 가능한 한 빨리 정소(精巢)를 수용해야 한다는 점이다. 정자액은 보존한 장소에서 정자를 GPC-5액 속에 짜내어 만든다.

다음으로는 정자의 활력을 검사해야 한다. 정자는 정액 또는 이것과 같은 삼투압의 용액 속에서는 거의 정지하고 있으나, 맑은 물로 희석하면 빨리 운동한다. 이 운동은 앞으로 전진하는 운동, 선회운동, 머리를 좌우로 흔드는 운동 등 세 가지가 있는데, 전진운동을 하는 정자가 활력이 좋은 정자이다.

이를 관찰하기 위하여는 슬라이드글라스 위에 정액 또는 이것을 희석한 보존액을 한 방울 놓고 얇게 펼친 후 1스폿(滴)의 맑은 물을 첨가하여 덮고 100~150배로 현미경 관찰한다. 이때에 전진하는 정자가 전체의 50% 이상이면 수정률이 좋다고 확신할 수 있다.

이제 정자액이 준비되었으면 수정을 해야 한다.

(2) 수정

수정은 2인이 1조가 되어 함께 하면 능률적으로 할 수가 있다.

정액이 준비되면 채란작업에 편리한 깊이 20~30㎝, 직경 50~60㎝ 되는 넓적한 그릇을 준비한다.

수온 20~25℃의 범위가 되는 깨끗한 물을 넣고 채란되는 난(卵)을 붙일 알받이를 물에 담근 후 5~10㎖ 용량의 스포이드로 미리 만들어 둔 정액을 준비한다.

다음 암놈을 베에 싸서 왼손에 쥐고 오른손으로 스포이드(Spoide)에 정액을 흡입시킨다. 이제 한 사람은 물을 넣은 부화조 위에서 암놈의 배를 엄지 손가락으로 가볍게 누르면 투명한 알이 나온다. 알을 짜내면서 스포이드 속의 정액으로 그 알을 씻어서 부화조 속으로 떨어뜨린다. 알은 정액과 함께 물속에서 즉시 수정되기 시작한다. 알은 계속 바닥에 가라앉는데 알이 덩어리가 되어서 부화조 바닥에 부착이 되면 발육 도중에 호흡 장애를 일으키게 되어 사망하거나 기형 미꾸리가 되어 곤란하게 된다.

따라서 체중 20g 정도의 암놈의 알은 2~3㎡ 정도의 부화조에 알의 간격을 2㎜ 이상 산재하여 골고루 살포하는 것이 좋다.

일반적으로 건강한 암컷미꾸리는 투명한 황갈색의 알을 방출하고 있지만 가끔 백색의 불투명한 알을 방란하는 수가 있다. 이러한 알은 거의 모두가 미성숙란이므로 수정되지 않는다. 또한 호르몬 주사에 의해 성숙란의 방란이 가능한 상태에서 인공 수정을 시키지 않고 오랫동안 방치하여 두면 알은 너무 성숙하여져 수정 능력을 상실하게 되거나 수정된다 하여도 발육 도중에 죽어버리므로 주의하여야 한다.

(3) 수정율과 부화

　일반적으로 수정률은 방란 가능한 상태에서부터 1~3시간 이내에 가장 수정률이 높으며 그 후에는 시간이 지남에 따라 수정률이 점점 감소하게 되며 19~21℃에서 10시간 이상 방치하게 되면 알은 십중팔구는 수정불능이 되므로 시간을 잘 맞추어야 한다.

　인공수정한 어란(魚卵)은 부화기에 넣게 되는데, 부화기는 많은 수정란을 수용할 수가 있고 소독도 할 수 있고 정상적인 부화가 가능해야만 한다.

　알을 부착시키는 알받이는 흔히 유리관을 쓰고 있으나 대량 채란 시에는 그림과 같이 가로, 세로 각 20~25㎝ 정도의 나무틀에 망목 0.5㎜ 정도의 그물망(망사)을 부착시켜 만든 것이 가볍고 난 부화 관리에 편리하다. 이 속에 부화판 14개가 들어가게 설치하면 약 110,000개의 알을 수용할 수 있는 훌륭한 부화기가 될 수 있다.

　알받이 제작은 두께 5㎜, 너비 2㎝ 정도의 몰딩을 가로, 세로 길이 20~25㎝로 잘라 만든 나무틀에 시중에서 쉽게 구할 수 있는 망목 0.5㎜ 크기의 망사지 옷감을 부착시켜 만든다.

　망사지를 붙인 뒤에는 나무틀을 겹으로 붙여 그 중의 나무틀 사이에 그물망이 끼인 상태로 제작한다.

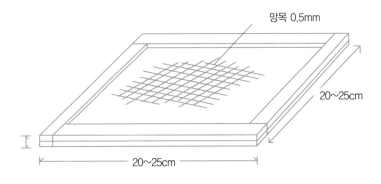

[그림 4-4] 알받이의 모양

이렇게 만들면 수정난을 앞뒤 양면으로 붙여서 부화용으로 이용할 수 있으며, 나무틀의 두께 때문에 알받이를 여러 장 포개어 운반 시에도 알이 상하지 않고, 취급이 간편하다.

난 부화 시에는 물이 그물망을 통과하고 산소 공급과 물의 유통이 좋아서 관리에 편리하다. 이렇게 미리 제작된 알받이는 일단 물에 며칠간 침적시켜 유해성분을 우려낸 후 사용한다.

부화가 가능한 수온의 범위는 15~24℃, 최적 수온은 약 20℃이다. 죽은 수정란은 부화하기까지의 전반기에 많이 생긴다. 부화소요기간은 30℃에서 20시간, 25℃에서 33시간, 20℃에서 55시간 그리고 15℃에서는 55시간 그리고 15℃에서는 97시간이 소요된다.

수정란의 소독은 수정 후 약 10시간에 부화기를 1/50만 농도의 마라카이드 그린 용액 속에 30분간 담그는 방법을 쓰고 있는데, 수생균의 성장은 이렇게 한번만의 소독으로 억제된다.

부화 중 주의해야 할 일은 수온의 격변을 경계하여야 하며, 수조내(水槽內)에 부화기를 넣은 경우는 6시간마다 환수(換水)를 해 준다는 점이다.

제3절 추출 호르몬에 의한 채란(採卵)

최근에 많은 농약의 사용으로 인하여 미꾸리도 자연산은 매우 감소되었지만 개구리 역시 그 분포가 매우 적어진 것은 잘 알려진 사실이다. 또한 개구리에서 뇌하수체를 채취하는 것, 뇌하수체에서 호르몬을 조정하여 주사액을 만드는 것도 일반인들에게는 매우 부담스러운 작업 중의 하나인 것이다.

따라서 뇌하수체를 대신하는 호르몬제를 사용하는 방법을 사용할 수 있다. 이들 호르몬제는 모두 인체용의 것이지만 일부는 시험 결과 미꾸리의 인공채란에 매우 효과 있음이 밝혀졌다. 몇 가지 추출 호르몬의 종류를 열거하면 다

음과 같다. 고나드로핀, 푸베루겐, 시나호린, 피멕크스, 프레호르몬 등 몇 가지
를 들 수 있다.

이들 호르몬 사용량을 살펴보면 500단위의 주사약은 10g짜리 미꾸리는 5
마리 정도, 20g짜리는 2~3마리 정도이며 주사약의 희석은 식염수 대신 미꾸
리용 링겔씨 액 2cc에다 용해하여 사용하는 것이 좋다. 주사병은 뇌하수체의
경우와 같다.

[표 4-2] 고나드로핀에 의한 인공채란 시험

주사단위	시험개체수	평균체중(g)	방란개체수	방란율	평균수정율	평균부화율
60	5	11.2	1	20.0	87.3	78.4
100	7	11.4	4	57.1	81.7	60.7
150	7	11.2	7	73.3	78.1	66.6

그러나 개구리, 미꾸리의 뇌하수체와 위의 약품을 사용함에 있어서의 우열
을 따져보면 개구리는 식용개구리의 양식 등 개구리 양식이 따르지 않으면 개
구리의 채취에 어려움이 따르고 약품은 편리하기는 하나 비용이 많이 드는 단
점이 있으므로 미꾸리 뇌하수체를 사용하는 것이 가장 실용적으로 보인다.

다행히 최근에는 개구리 양식도 활발히 진행되고 있으므로, 그런 점에서 미
꾸리 양식업자는 미꾸리든 개구리든 가장 손쉽게 채취할 수 있는 것을 선택하
여 뇌하수체를 채취하면 좋을 것이다. 다만, 앞에서도 언급한 바와 같이 초보
자는 뇌하수체 호르몬에 의한 방법을 충분히 숙달할 때까지는 약품을 사용한
인공채란 방법을 병용해 볼 것을 권유하는 바이다.

제4절 수정란(授精卵)의 관리

1. 미꾸리 알의 특성

미꾸리의 알은 반점착란(半粘着卵)의 특성을 갖고 있으므로 약간의 진동만 있어도 부착되어 있지 않고 바로 떨어져서 서로 밀접하게 되므로 산소 결핍증에 걸리기 쉽다.

산소 결핍이 되면 기형이 되거나 사망하게 된다. 따라서 수정란이 수용된 부화조는 절대 진동을 주어서는 안된다. 만약 바람이 부는 경우라면 수면이 흔들리지 않도록 부화조 위에 뚜껑을 사용하여 이를 저지하여야 한다.

인공 수정을 한 후 약 3~5시간이 지난 후에는 백색의 알을 식별할 수가 있다. 이들 백색의 알은 미수정란이거나 수정 도중 사망한 것이며, 투명하고 황갈색의 알은 모두 발육 도중이라고 생각하면 된다.

죽은 알의 비율이 30% 정도일 경우는 매우 만족할만한 성과라고 할 수 있다. 죽은 알이 50~70% 정도일 경우 죽은 알이 부패하여서 부화조안의 수질이 나빠지기 쉽고 발육 중의 알에게도 해를 주게 되므로 부화조의 한쪽 구석에서부터 서서히 물을 배수구로 빼내면서 물갈이를 하여 주어야 한다.

만약 죽은 알이 70% 이상이 될 경우에는 새로운 암놈을 다시 선정하여 인공 수정을 다시 하여야 한다.

2. 수온의 유지

15~24℃가 부화 시 수온의 적정 범위이다. 수정된 알은 순서대로 부화하기 시작하고 수온이 20℃ 정도에서는 2~3일 내에 부화한다. 부화조는 양지바른 곳에 설치하는 것이 좋지만 만약 수온이 27℃ 이상 상승할 경우에는 수질이

급격히 변하며, 죽은 알에서 생긴 곰팡이로 인한 감염도가 높아지기 때문에 물을 새로 넣어서 수온을 조절해주고 감염을 막아주어야 하며 이때 아크리후라빈(Acriflavin)용액을 사용하여 감염을 예방하도록 하여야 한다.

또한 반대로 15℃ 이하로 수온이 내려가게 되면 수조에 덮개를 씌우거나 보온을 하여 수온의 하강을 막아야 한다.

15~24℃ 사이의 수온만 유지할 수 있다면 옥외에 부화조를 방치하여 두어도 좋다. 수온이 높으면 부화가 빨라질 것이며 수온이 낮으면 부화가 느려지는 것일 뿐 다른 큰 차이는 없다.

3. 수생균의 발생 방지

산란을 시작한 후 1~2일이 지난 후부터는 각종 수생균(솜곰팡이)의 발생을 방지하여야 한다. 특히 미수정란이나 죽은 알에서 솜곰팡이가 생기는 경우가 많다. 알이 군집하여 있을 경우엔 이 수생균이 다른 알에게도 침범하는 경우가 많다.

산란 후 2일째는 마라가이드그린(malaehit green)을 1/20만~1/50만 용액에서 10~60분간 처리하여 농도와 시간을 정확하게 파악하여 둘 필요가 있을 것이다.

{제5장

미꾸리 양식(養殖)

제1절 치어(稚魚)의 양식

1. 먹이주기

부화 직후의 치어는 전장이 3mm 정도로써 부화조의 바닥에 가라앉아 있고 부화 후 2일째는 측벽에 달라붙어서 정지하였다가 3일째부터 수조 바닥에 다시 가라앉아 먹이를 먹기 시작한다. 이때부터 먹이를 주어야 하는데 이 시기에 주는 사료가 치어의 양성에 큰 역할을 하게 되는 것이다. 이 시기에 처음으로 주는 먹이는 작은 녹조류, 짚신벌레, 바퀴벌레와 같은 섬모충, 물벼룩, 계란 난황, 배합사료, 이유식 등을 들 수 있다.

2. 천연먹이

천연먹이로는 주로 물벼룩을 배양하여 주는 것이 좋지만 물벼룩의 배양지에는 장구벌레, 잠자리의 유충 등의 해적이 배양지에 들어가서 식해를 초래할 경우가 많으므로 유의하여야 한다.

물벼룩 중에서도 움직임이 둔하고 적은 Monia 같은 것은 먹을 수 있으나 Dophnia 같은 것은 커서 제대로 먹지를 못한다.

물벼룩을 발생시키려면 미꾸리를 산란시키기 약 15일 전에 못의 물을 빼고 미리 햇볕에 말린 뒤 바닥의 부식질에 따라 다르겠지만 100㎡당 석회 12~14Kg, 장유박 30~45Kg, 콩깻묵 4.5~6Kg, 퇴비 1~2짐 정도의 비율로 잘 혼합한 후 다시 말린 것을 5일 간격으로 3회 계속 뿌려준다. 그 후 약 30cm 정도의 깊이가 되도록 물을 주수하면 1~2주일 후에는 물이 적갈색에서 녹색으로 변하게 되어 [그림 5-1]과 같은 식물성 플랑크톤이 번식하며 이들 식물성 플랑크톤을 먹이로 하여 [그림 5-2]와 같은 물벼룩들이 번식하기 시작한다.

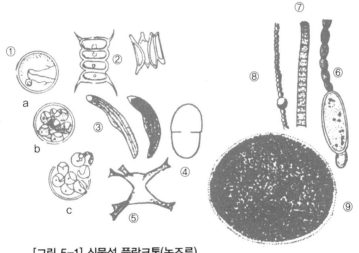

[그림 5-1] 식물성 플랑크톤(녹조류)

① a : 클로렐라   b. c : 클로렐라의 번식   ② 시네데스머스(서호산)
③ 반달말   ④ 장구   ⑤ 스태우라 스트럼
⑥ 실인드로스퍼멈 ⑦ 오스실라토리아
⑧ 아나비나   ⑨ 폴리시스티스

물벼룩은 연못 바닥의 흙 속에서 해를 넘긴 알에서부터 발생하는 것이므로 새로 만드는 물벼룩 배양지라면 물벼룩이 잘 번식한 연못의 흙을 옮겨오거나 다른 연못에서 물벼룩을 채집하여 놓는 수도 있다.

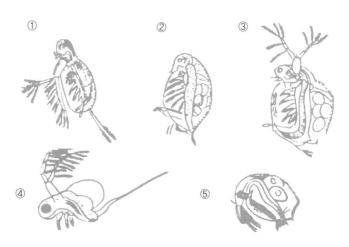

[그림 5-2] 동물성 플랑크톤(지각류)

① 다이어파노소마   ② 대프니아(물벼룩)   ③ 세리오대프니아
④ 폴리패머스   ⑤ 보스미나(코끼리 물벼룩)

일반적으로 양어장에서 배양하는 물벼룩 중에서도 작고 몽탁한 물벼룩이
미꾸리 치어의 양식에 좋다.

천연먹이로서의 물벼룩이 식해가 되는 경우도 있지만 부화 후 며칠 지난 치
어에게는 성장에 매우 좋은 결과를 얻을 수 있는 먹이가 될 것이다. 물벼룩을
장기간 배양하기 위하여는 속효성 비료 등으로 시비를 하여 주면 된다.

3. 인공먹이

인공먹이로는 계란의 노른자위가 많이 이용된다. 계란의 노른자위를 끓는
물에 15분 내지 20분 정도 삶아서 물에 잘 풀어서 준다.

최근에는 비타민C, 이유식이나 EPA배합사료 등이 많이 나와 있으므로 이
러한 배합사료를 구입하여 주어도 좋다. 다만, 배합사료는 2시간에서 3시간

안에 다 먹을 수 있는 분량만을 주어야 한다. 지나치면 수질을 오염시키기 때문이다.

처음에는 하루에 3회 정도 나누어서 수면 위에 뿌려주고 3~4일 정도 지나면 사료를 물에 풀어서 여러 곳에 나누어서 주기적으로 주기 시작한다. 점차 시간이 경과하면서 먹이장소의 수를 줄이기 시작하며 9~10일이 경과하면 먹이 장소를 2개소 정도로 줄인다.

1회에 주는 양은 사료를 투입한 후 2시간 이내에 먹을 수 있을 정도의 양으로 하여야 한다. 이렇게 주기적으로 같은 장소에 계속 먹이를 주면 곧 먹이장소로 치어들이 모이기 시작한다.

남은 먹이는 수질을 오염시키는데 오염된 수질은 흑갈색이나 황갈색으로 변하게 되므로 쉽게 알아볼 수 있다. 이럴 경우 대개 물고기는 수면 위로 코올리기를 하여 매우 불편한 호흡을 하게 된다.

이렇게 되면 즉시 물을 갈아주고 물속의 이물질을 제거하여야 한다. 물의 색깔이 다시 황록색으로 변하게 되면 물갈이는 중단하여도 된다. 물의 색깔에 주의를 하면 언제 물을 갈아주어야 하는지 쉽게 식별할 수 있을 것이다.

부화 후 2개월 정도 지나면 체중 2~3g정도의 치어가 되고, 당년 가을에 전장 5~6cm로 성장한다. 이와 같은 성장과정 중 가장 심한 감소현상이 일어나는 시기는 부화 후 1주일 전후에서 1개월 사이이며 이 기간이 지나면 성장함에 따라 차츰 감소량이 줄어들고, 그해 가을까지 성적이 좋으면 20~30% 정도가 살아남게 된다.

제2절 유어(幼魚)의 양식

치어에게 먹이를 주기 시작한 후 10일 정도가 지난 후에는 지금까지 사육하여 오던 부화조에서 유어 사육지로 옮겨야 한다. 이것을 분양한다고도 하고 선별한다고도 하는데, 양과 크기를 구별하여 선별하면 효과가 대단히 좋다.

이때는 이미 전장이 15mm 정도로 성장하게 되는데 계속 부화조에 넣어서 기를 경우 물고기의 밀도가 높아져서 산소가 부족하여 발육 상태가 불완전하게 된다.

유어 양식지의 크기는 30~50㎡ 될 정도로 만들고 이때부터는 도피방지시설을 하여야 한다. 또한 사육지의 수심에 대해서도 주의하여야 한다.

처음에는 양식지의 중앙에만 물을 채워서 여기에 치어를 방사한다. 방사량은 50㎡에 5kg 이내에서 증가하지 않도록 한다. 유어 양식지에서도 치어의 먹이 길들이기식으로 먹이를 연못 근처에 골고루 주며 그후 점차로 먹이를 주는 장소를 줄여가며 순차적으로 물의 양을 늘려준다. 5~6일이 지난 후에는 연못 전체에 수심 10~20cm 정도로 물이 차도록 조정한다. 처음부터 만수를 시켜서 치어를 방사하게 되면 결코 먹이를 먹으러 모여들지 않으므로 발육이 현저하게 늦어지게 되므로 주의하여야 한다.

유어 양식지로 옮긴 후 10~15일간은 배합사료를 계속하여 주고 그 후에 쌀겨나 야채 혹은 밀가루 등의 식물성 사료를 끓인 것과 어육 등의 동물성 사료를 섞어서 이를 곱게 빻아서 배합사료와 섞어 먹이는 것이 좋다. 이제부터는 점차로 가루먹이(粉餌)는 줄여서 주며 부화 후 40일 정도가 되면 성어용 사료를 곱게 빻아서 주도록 한다.

먹이를 줄 때 특히 유의하여야 할 것은 밀가루나 쌀겨 혹은 야채 같은 식물성 사료는 반드시 어느 정도 끓여서 주지 않으면 충분한 양분을 공급하여 주지 못하게 되며, 동물성 먹이는 반드시 끓일 필요는 없겠으나 비교적 딱딱한 사료라면 더운 물에 몇 분간 데쳐서 주는 것이 미꾸리에게 양분을 공급하는 데 효과가 있다.

유어에게 주는 먹이의 일일급이량은 수온이 20~25℃일 경우 물고기 중량의 1/20~1/30 정도로 하루 3~4회로 나누어 주는 것이 좋다. 하지만 미꾸리의 총중량은 점점 증가일로에 있으므로 그 무게를 짐작하기란 쉽지가 않다. 따라서 먹이는 투여 후 1~2시간 이내에 전부 먹을 수 있는 정도의 양으로 하는 것이 좋다.

미꾸리가 먹이를 먹는 양은 수온의 변화에 따라서 매우 민감하게 작용되므로 수온에 항상 유의하여야 한다. 성어 양식지에 비하여 수심이 몹시 얕으므로 여름에는 수온이 급격히 상승하기 쉽다. 이때에는 양식지 군데군데 벼나 수초 등을 심어서 수온을 조절하며 수온이 32℃ 이상으로 상승할 경우에는 신선한 물을 주수하여서 수온을 조절하여 주어야 한다.

이렇게 하여서 약 1년간 사육하고 나면 4~5월경 적당한 시기를 보아서 먹이장으로 모아놓고 뜰채로 채집하여 성어 양식지로 옮긴다. 경우에 따라서는 유어 양식지를 그대로 성어 양식지로 쓸 수도 있다.

양식지의 수질은 치어의 경우와 마찬가지로 물의 색깔을 가지고 감별할 수 있다. 즉 물의 색깔이 황록색을 띠고 있으면 정상이라고 볼 수 있으며, 먹이 등이 남아서 부패하게 되면 물은 대부분 갈색을 띠게 되므로 이럴 경우는 먹이의 양을 줄이고 서서히 물을 갈아 주어야 한다.

특히 치어 양식지에서 유어 양식지로 옮길 때 주의하여야 할 것은 미꾸리의 피부에 상처를 입히지 않도록 유의한다는 점이다. 미꾸리의 피부는 상처를 입기 매우 쉬우며 상처로부터 수생균이나 기타 병균의 감염이 쉬우므로 주의하여야 한다.

제3절 성어(成魚)의 양식

인공부화에 의한 치어를 1년간 사육하면 5~7cm 정도로 성장하나, 사육조건에 따라서는 그 기간을 단축할 수도 있다.

이제 이렇게 체장 5~7cm로 자란 유어를 취양하여 좀 더 큰 못으로 옮겨야 한다. 그 큰 못을 성어 양식지(成魚 養殖池)라고 하는데, 이 성어 양식지로 옮긴 후의 1일 먹이의 투이량은 미꾸리 체중의 5% 정도로 늘려준다.

그러나 급격한 성장을 꾀하기 위하여 체중의 10% 정도까지 먹이를 줄 수도 있는데, 이럴 경우에는 물속의 산소량과 수질에 지극히 주의를 기울어야 한다.

예전에는 벼농사를 하면서 미꾸리를 양식하는 논양식의 경우가 많았으나 최근에는 벼농사와 무관하게 미꾸리만을 양식하는 양식지 양식이 많으므로 이에 대하여 상세하게 기술하기로 한다.

1. 양식지(養殖池)의 시설

(1) 장소의 선택

미꾸리의 양식지를 선택하는 데 있어서는 앞에서 간단히 설명한 바가 있으니 좀 더 자세하게 강조하는 의미에서 몇 가지 첨부하기로 한다.

우선 가장 적당한 토지를 선택하는 것이 중요하다. 용수가 풍부하여 갈수기일 때라도 항상 필요한 양의 물을 주수할 수 있어야 한다. 또한 배수가 용이하여 수해의 걱정이 없어야 한다.

다음에는 점토질의 땅이어야 한다. 모래가 많은 사토질의 땅은 물이 쉽게 누수가 되어서 주수를 자주하여야 할 뿐 아니라 미꾸리의 피부가 상하기 쉬워서 수생균의 침입이나 2차 감염이 쉬워진다.

또한 양지가 바르고 통풍이 좋아야 한다. 물고기의 양식에서는 수온이 큰 비중을 차지하므로 양지바른 곳일수록 수온유지에 힘이 들지 않으며, 통풍이 잘 되지 않으면 수주의 산소가 쉽게 결핍되어 미꾸리의 호흡 곤란이 일어나게 된다. 이러한 토지의 선택은 비단 미꾸리의 양식뿐만이 아니라 다른 물고기의 양식에서도 필요한 조건이다.

(2) 제방의 문제

미꾸리는 흐름을 거슬러 올라가기도 하고 또는 흐름대로 내려가기도 하는 습성이 있으므로 성어의 양식지에서는 특히 도망하지 못하도록 방지하는 데 주의하지 않으면 안된다.

다음의 [그림 5-3] 단면도는 이러한 점을 고려하여 만든 성어 양식지의 일반 설계도라고 할 수 있을 것이다. 제방의 측벽은 수면으로 약 40cm 이상 노출되어야 하며 제방의 폭은 최하부가 1m 이상 필요로 하고 상부는 통로로 이용할 수 있게 하여야 한다. 제방 안쪽의 콘크리트 옹벽은 수면과 수직으로 타설을 하여서 미꾸리의 도망을 방지하는 것이 좋다. 제방공사를 할 때 부드러운 점토질의 흙은 가능한 미꾸리를 위하여 양식지의 바닥에 깔도록 하고 어류장의 깊은 곳에 있는 상토(床土)나 다른 곳의 토사를 이용하여 제방을 만드는 것이 좋다.

(3) 양식지의 크기

하나의 양식지는 100~200㎡ 정도가 가장 적당하다고 할 수 있다. 사육 중의 미꾸리는 먹이장 부근에 항상 모여 있으며 양식지 속에 골고루 산재하여 있는 경우란 거의 없다. 따라서 미꾸리가 모여 있는 먹이장에는 산소결핍이 쉽게 나타나기도 하고 다른 곳의 양식지는 비어 있는 경우가 많다.

몇 개의 양식지로 구획했을 경우 양측 벽쪽으로 엄격하게 제방을 쌓아주고 내부의 작은 구획 등은 콘크리트 옹벽만으로 막으면 충분하다. 양식지가 크면 클수록 미꾸리가 모여드는 곳이 많아지며 양식지를 놀려두는 공백상태도 넓어지게 될 것이다.

(4) 어류장(魚流場)

양식지의 중앙 부분은 바깥 둘레보다 수심이 20cm 정도 더 깊게 되어 있어 이 곳을 어류장이라고 하며 일반 바깥 둘레부분은 수심 20~30cm 정도가 가장 적당하다.

이 곳 어류장의 수심을 깊게 하는 이유는 여름에 수온이 갑자기 상승하였을 경우 미꾸리가 수온에 따라 피난하는 데 도움을 줄 수 있을 뿐만 아니라 겨울철의 동면은 거의가 이 어류장에서 행하여지게 되므로 반드시 만들어 놓아야 할 곳이다.

이 어류장을 만들 때에는 표면에 부드러운 점토질의 흙을 남겨놓고 깊은 속의 상토(床土)나 모래 등의 흙은 밖으로 버리거나 제방을 만들 때 사용하도록 한다.

(5) 주수구(注水口) 및 배수구(排水口)의 설치

주수구가 배수구를 겸하고 있는 양식지를 가끔 볼 수 있으나 바람직하지 못한 양식지라고 할 수 있다. 왜냐하면 물의 일부가 부패하여 물갈이를 할 경우 전체적으로 물을 모두 갈아줘야 하는 불편이 있다. 따라서 주수구와 배수구를 반대편으로 설치하는 경우보다 경비 · 시간 · 관리 등에 낭비를 초래하게 되기 때문이다.

주수구는 수면보다 높게 설치하여 물이 수면 위로 떨어지게 하는 것이 바람직하다. 주수구가 수면과 별로 차이가 없는 곳에 설치할 경우에는 주수구에 쇠그물을 설치하여 미꾸리의 도망을 방지하여야 한다. 특히 유의할 점은 뱀장어나 메기 등의 해적이 살고 있는 강물을 사용하는 경우에는 반드시 철그물을 설치하여서 해적들의 침입을 막아야 한다.

배수구는 가장 신중하게 설치하고 철저히 관리를 하여야 한다. 100㎡ 이하의 소형 양식지에는 간이배수구를 사용하여도 큰 지장은 없겠으나 100㎡ 이상되는 대형 양식지의 경우에는 배수구 부근을 반드시 콘크리트제로 설치하고 철그물을 설치하여야만 한다.

콘크리트로 제작하여 홈을 만들고 홈 사이에 끼울 수 있는 지수판(止水板)을 만들어 지수판만 뽑으면 물은 철그물을 통하여 빠져나가고 미꾸리는 도망을 치지 못한다. 또한 증수가 되어 필요 이상의 물이 있을 경우에는 물은 지수판을 넘게 되어 자동적으로 수심이 조절되기도 하므로 편리하다.

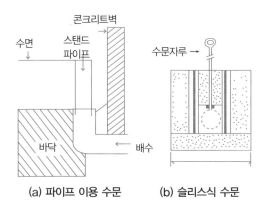

(a) 파이프 이용 수문   (b) 슬리스식 수문

(c) 판자 이용 수문

[그림 5-3] 수문의 구조

(6) 수차(水車)의 설치

이 수차의 이용은 일반적으로 산소를 보급하는 데 그 목적이 있다. 이것은 일정 면적에 대해 미꾸리의 수용량이 적으면 그럴 필요는 없겠지만 수용량이 많아지면 산소의 결핍, 운동 부족으로 인하여 발육상태가 불완전하게 되므로 수류를 일으켜서 산소를 공급하여 주거나 운동을 시킬 수 있는 장치가 필요하다.

수차를 이용할 수 있는 시설로써 집약적으로 증식하려면 특히 야간에 수차를 운영하여 산소결핍을 미연에 방지하여야 한다. 이러한 수차는 대개 1/2마력 정도의 모터로 운용할 수 있다.

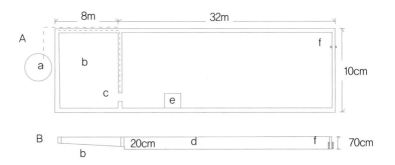

[그림 5-4] 미꾸리 사육지 설계도

A : 평면도   B : 단면도
a : 급수펌프   b : 치어지   c : 수문   d : 성어지   e : 급이장   f : 배수구

(7) 수초(水草)의 응용

한여름에 수온의 급상승을 막기 위하여 어류장 이외의 곳에 벼나 자고 등 수초를 심어서 수온의 상승을 막는 양식지를 흔히 볼 수 있다.

이러한 수초나 벼는 1m²당 1주 정도의 비율로 심어주는 것이 적당한데 밀식 하면 오히려 일광을 차단하는 경우가 있어 미꾸리에게 악영향을 끼치는 경우 를 종종 볼 수 있다. 초가을이 되면 반드시 제거하여야 하므로 가능한 조숙종 을 심는 편이 좋다.

수초 중에서도 부평초 같은 종류의 수초는 물 위에 떠다니게 되어 수면을 덮게 되므로 공기를 차단하게 되어 미꾸리에게 산소결핍증을 주기 쉬우므로 조심하여야 한다.

(8) 사육수(飼育水)

미꾸리의 양식에 사용되는 사육수는 강물이나 소류지 등 자연수를 사용하는 것이 가장 좋다는 것은 두말할 필요도 없다. 이러한 자연수는 수온도 항상 적당히 유지하고 있으며 또한 어느 정도의 천연먹이와 풍부한 산소량을 함유하고 있는 것은 자명한 일이다.

그러나 이제는 자연수도 몇 가지 중요한 테스트를 한 후에 사용하여야 한다. 최근 농가에서는 많은 농약을 사용하고 있으므로 이들 자연수도 매우 위험스러운 상황이 되고 있는 것이다. 이와 같이 농약의 피해를 받은 물은 결코 사용하지 않아야 할 것은 물론이나 부득이하여 양식지에 사용할 경우는 반드시 검사 후에 사용하도록 한다.

먼저 육안으로 살펴볼 수 있듯이 물속에 붕어나 송사리 같은 민물고기들이 정상적으로 헤엄을 치고 있는지 확인하여 정상적인 유영을 한다면 그대로 사용하여도 무방하다고 할 수 있다. 만약 민물고기가 보이지 않을 경우에는 미꾸리를 한두 마리 정도 그 물속에 넣어 한동안 유영하는 상태를 보면 안전한가를 쉽게 판별할 수 있을 것이다. 보통 농약을 살포하는 시기는 한정되어 있으므로 그러한 시기에는 부근의 농가들과의 연락이 잘 되도록 하여 미연에 불의의 사고를 예방하도록 하여야 할 것이다.

우물물과 같은 지하수는 퍼낸 직후에 바로 사용하게 되면 수온이 너무 낮거나 산소의 용존량이 낮기 때문에 미꾸리 양식이나 기타 민물고기의 양식에서도 좋은 결과는 얻을 수 없다. 이와 같은 지하수를 일반 양식용으로 사용하려 한다면 일단 저수조를 마련하여 저장하여 둔 다음에 저수조에서 퍼내어 사용하는 것이 바람직하다.

미꾸리를 사육하고 있는 동안의 양식지의 물은 항상 황록색을 유지하고 있는 것이 정상이라는 것은 이미 앞에서 말한 바와 같다.

양식지가 정비된 후에는 적어도 1개월 이상은 물고기를 방류하지 않고 물을 종종 갈아서 콘크리트 옹벽의 잿물을 완전히 제거한 후에 방사하여야 한다. 이러한 경로를 거치지 않고 미꾸리를 방사하게 되면 콘크리트 옹벽에서 발생하는 알칼리 성분에 의해 미꾸리의 피부가 상하게 되고, 새로운 콘크리트 벽에 미꾸리의 수염이나 코끝이 상하게 되어서 미꾸리는 죽어버리게 된다. 미꾸리의 수염은 음식의 맛을 알아내는 후각과 촉각의 작용을 갖고 있으므로 수염이 상하게 되면 먹이를 먹지 않을 뿐 아니라 수생균이 발생하여 감염되기 쉬우므로 결국 사멸하게 된다.

미꾸리에게는 알칼리성보다는 약산성의 물이 좋으며 투명한 물이나 흑갈색을 띤 물은 미꾸리 양식에 적합하지 않다. 황록색의 물이 좋다는 것은 물속에 미세한 녹조류나 난조류 등이 번식하고 있다는 증거이다. 즉, 식물성 프랑크톤이 번식하고 있다는 증거이다. 낮에 이러한 것들이 광합성 작용을 하고 있기 때문에 미꾸리에게나 모든 물고기에게 유익하다.

또한 신설한 연못에는 물이 좀체 쉽게 녹화되지 않기 때문에 미꾸리를 방사하기 3, 4일 전에 소량의 석회나 계분, 인분 등의 비료를 시비한 후에 1~2일 정도 햇볕을 쪼이게 한 후에 물을 주수하는 것이 좋다.

2~4일 정도 지나면 녹조류나 난조류가 번식하게 되고 물이 황록색으로 변하게 되는 것과 동시에 며칠 후에는 물벼룩도 발생하기 시작하여 천연먹이가 생기게 되므로 유리하다. 그러나 시간이 오래 지난 후에는 물벼룩이 너무 많이 번식을 하여 물의 색깔이 재차 적갈색으로 변하게 되므로 물벼룩의 번식이 많아지기 전에 미꾸리를 방사하여 물벼룩의 번식을 조정하는 편이 좋다.

(9) 미꾸리의 방사량(放飼量)

양식지에 있어서 일정한 면적에 미꾸리의 방사량은 물고기의 호흡과 중대한 관련을 가져 발육상태에 밀접한 영향을 주게 된다. 방사량이 너무 많게 되면 산소결핍을 초래하는 요인이 되어 코올리기를 하는 것을 쉽게 알 수 있다.

그러나 미꾸리는 발육 도중 계속 체중이 늘어나게 되므로 정확한 중량을 알 수 있는 것이 결코 쉬운 일은 아니다.

성어 양식장에서는 보통 생후 1년생의 미꾸리를 종묘로 방사하는 것이 일반적이다. 4~6월경에 양식지 10㎡에 1~1.5kg 정도로 방사하는 것이 가장 적당하다. 이러한 중량은 미꾸리 개개의 크기와는 무관하게 총중량이 1~1.5kg이라면 적당한 것이다. 대개 1년생이면 3~5cm 정도이며 때로는 더 큰 것도 있을 수 있다. 이 방사량을 초과하게 되면 장마철에는 반드시 산소결핍을 일으켜 코올리기를 하게 된다. 4월에 방사한 경우라면 6월 하순경부터는 점차 포획하기 시작하여 대형의 미꾸리부터 출하하기 시작하여 총중량을 맞추도록 하는 것이 좋다.

약 100㎡의 양식지에 10kg의 종묘를 방사하든 20kg을 방사하든 수확량에는 큰 오차가 있을 수는 없고 방사량이 많으면 사료비만 낭비하는 결과가된다.

양식지에 따라 수용량도 중요하지만 장마철에는 대개 산소결핍이 일어나호흡 곤란을 일으키게 된다. 특히 야간에 보면 장호흡운동이 심해지므로 산소결핍이라는 것을 쉽게 알아볼 수 있다. 이럴 경우 물을 자주 휘저어 주면 산소결핍을 방지할 수 있다.

2. 먹이를 주는 방법

(1) 먹이에 대하여

미꾸리는 잡식성(雜食性) 물고기이므로 특별히 무엇을 잘 먹는다고는 쉽게설명할 수가 없다. 주변에서 쉽게 미꾸리의 먹이를 구할 수가 있다. 따라서 양식자의 입장에서 보면 될 수 있는 대로 값이 비싸지 않은 경제적인 먹이를 선택하여 효과적으로 이용하여야 한다.

일반적으로 널리 사용되고 있는 동물성 먹이로서는 생선찌꺼기, 번데기가루, 물벼룩, 실지렁이, 새우, 물계, 닭의 내장이나 피, 곤충류의 구데기, 물조개, 멸치, 어육류의 찌꺼기 등 모든 것이 동물성 먹이로 사용될 수 있다. 그 중에서도 특히 번데기가루 같은 것은 발육상태에 큰 효과를 얻을 수 있다.

가령 번데기를 주로 먹고 자란 미꾸리는 지방분이 매우 풍부하여 뼈가 부드러우며 살이 많아서 몸이 통통하고 짧게 되어 이상적인 미꾸리로 성장하게 된다.

일반적으로 식물성 먹이로서는 쌀겨, 밀기울, 고구마, 야채찌꺼기, 콩깻묵, 비지 등 여러 가지를 들 수 있다. 이들 식물성 먹이는 한번 삶든지 뜨거운 물에 데쳐서 사용한다.

다음에 광물성의 먹이로써 과린산석회를 미소량을 사용하여 간접적인 효과를 얻을 수는 있으나 과다하게 사용하면 오히려 미꾸리에게 해를 주게 되는 결과를 가져오게 되므로 주의를 요한다.

식물성 먹이와 동물성 먹이는 서로 혼합한 후에 거기에 소량의 밀가루를 섞은 후 한 번 삶은 뒤에 세분한 후 급이한다. 이때 식물성 먹이는 잘 삶아서 사용하도록 한다.

식물성 먹이와 동물성 먹이 중에 어느 것이 좋은가는 확실한 실험 결과는 없으나 일반적인 경험으로 수온이 20℃ 정도에서는 식물성 먹이를 주로 주고 20~25℃ 정도에서는 식물성과 동물성을 50% 정도씩 혼합하여 사용하며 25℃ 이상일 경우에는 동물성을 주로 주는 것이 발육 상태에 좋은 결과를 얻게 한다.

이러한 수온과 먹이와의 관계는 25~30℃ 정도까지 수온이 상승할 때에는 활동이 활발하게 되는 미꾸리의 먹는 양도 급격히 늘어나게 된다. 오물성의 먹이가 사료효율이 좋으므로 활동이 왕성할 때에는 양질의 먹이를 공급하여 급속히 무게를 증가시켜야 한다.

(2) 먹이를 주는 방법

성어 양식지에 종묘를 방사한 뒤에 최초의 먹이를 줄 때에는 그 분량을 줄이고 양식지의 몇 군데 먹이장을 정하여 그 곳에 먹이를 환약처럼 만들어 던져 주도록 한다. 일정한 장소에 모이도록 훈련을 시키면 나중에 미꾸리를 포획하는 데 수월하게 된다.

이렇게 먹이를 주며 2~3일이 지나면서 먹이장의 수를 차차로 줄여야 한다.

5~10일째부터는 100㎡ 정도의 연못에 대해 1~2개의 먹이장이면 충분하게 된다.

먹이를 주는 방법도 처음에는 환약처럼 만들어 던져 주다가 후에는 눈금저울과 모양이 같은 사료 그릇을 만들어 수면 가까이 띄워 놓으면 먹이를 모두 먹었는지를 쉽게 판별할 수가 있다.

(3) 하루의 급이량(給餌量)

처음 방사하기 시작하여서는 즉 3월 하순~4월경 수온이 15℃ 이상이 되면 먹이를 주기 시작한다. 처음에는 미꾸리 총중량의 1/40~1/50 정도로 만족한다.

그후 수온이 상승함에 따라 점차로 양을 늘여가며, 수온이 25~27℃ 정도가 되면 총 중량의 1/20~1/30 정도를 하루에 2~3회 정도로 분할해서 주도록 한다.

그러나 수온이 32℃ 이상을 상승하면 그 양을 줄여야 한다. 다만 양식지에 있는 미꾸리는 중량이 계속 증가일로에 있으므로 총 무게를 쉽게 측정할 수는 없다. 급여 횟수는 1일 2~3회로 나누어 주는 것이 좋으며 먹이를 준 뒤 1~2시간내에 모두 먹을 수 있을 정도의 먹이를 주는 것으로 충분하다. 미꾸리는 일출 전과 일몰 직후에 섭취활동이 가장 왕성하므로 가능한 이 시기에 급이한다.

배합사료의 일반적인 사료급이 기준은 [표 5-1]과 같다.

[표 5-1] 배합사료 급이기준   (%, 사료량/ 어체중/ 1일)

어체중 수온(℃)	0.5~2	4	6	8	10	12	14	20
15	4.0	3.0	2.0	1.6	1.0	0.8	0.6	0.5
20	8.0	6.0	4.2	3.1	2.4	2.1	1.8	1.6
25	11.0	9.0	6.0	4.3	3.5	3.0	2.7	2.6

3. 산소 결핍과 그 대책

미꾸리 양식에서 특히 유의하여야 할 것은 양식장 내 수온조절로써 수온 20~25℃가 적당하다. 수온이 30℃ 이상이면 식욕감퇴와 산소호흡장애를 일으키며, 수온 37℃ 이상이면 산소섭취 곤란 등 이산화탄소를 배출하여 질식한다.

갑자기 수온이 15℃ 이상 오를 때와 이하로 떨어졌을 때는 병에 걸리기 쉽다. 월동 시는 수온 10℃ 이하일 때 급이를 중지한다.

미꾸리는 아가미와 피부에 의한 호흡 이외에 장호흡도 함께 행하기 때문에 일반인들은 붕어, 잉어나 뱀장어보다 산소결핍에는 강한 물고기라고 생각하는 사람들이 많은 것 같다. 하지만 실제에 있어서 미꾸리의 산소 소비량은 다른 물고기보다 훨씬 많다.

가령 예를 들어보면 1kg의 뱀장어는 25℃ 정도의 수온에서 1시간에 100cc 정도의 산소를 흡입하여 소비하는 데 비하여 미꾸리 1kg은 1시간에 150~200cc 정도를 소비하는 것으로 보아도 쉽게 알 수 있다. 따라서 미꾸리를 집약적인 방법으로 양식을 할 경우에는 뱀장어 이상의 산소를 필요로 하여 그 대책을 마련하지 않으면 안되는 것이다.

어항 속 금붕어 등의 물속 산소가 부족할 경우에는 수면 가까이에 올라와서 코끝을 수면 위로 밀어내고 입을 빠끔빠끔하는 것을 쉽게 볼 수 있다. 이것으로 물속의 산소가 부족한 상태라는 것을 알 수 있다. 이러한 작용을 코올리기라고 한다.

한편 미꾸리의 장호흡도 단순한 생리작용일 뿐만 아니라 이러한 코올리기의 한 가지 상태라고 생각할 수도 있는 것이다.

즉, 산소가 충분히 포함되어 있는 물속에서 이러한 장호흡은 거의 하지 않는 것을 볼 수 있는데 이는 아가미 호흡과 피부 호흡으로써 몸에 필요한 충분한 양을 흡입하고 있다는 것을 알려 주고 있는 것이다.

그러나 물속의 산소가 부족하게 되면 미꾸리들은 아가미 호흡의 횟수가 현저하게 줄어드는 한편 장의 호흡 횟수가 늘어나게 된다. 더욱 산소가 부족한 현상이 계속되면 미꾸리들은 장호흡마저 힘들게 되어 빈사상태가 되어 둥둥 뜨게 된다. 따라서 장호흡을 빈번하게 행할 때에는 산소가 부족되고 있다는 것을 알아 차리고 즉시 산소결핍에 대한 대책을 조속히 마련하여야 할 것이다.

우선 산소결핍 현상이 일어날 수 있는 상황을 살펴보면 다음과 같다.
① 일기가 불순한 경우.
② 미꾸리의 방사량이 많은 경우.
③ 먹이를 과다하게 주어서 먹다 남은 먹이가 부패할 때.
④ 수온이 30℃ 이상일 때.

이때는 미꾸리가 못 벽을 따라 불안한 상태로 개별행동을 하게 되며 신선한 새물을 주입시키거나, 콤프레샤 등으로 공기를 주입하여 못의 물을 움직여 주어야 한다.

물속의 산소량은 기온이 상승하게 되면 비례해서 줄어들게 된다. 반대로 물고기의 산소 소비량은 수온이 상승함에 따라서 증가하게 된다. 따라서 일정 면적에 미꾸리의 수용량이 너무 많게 될 경우 수온이 상승하게 되면 급격히 산소가 부족하게 된다.

이미 상세하게 설명한 바와 같이 100㎡ 정도의 양식지에 50kg 이상을 수용하는 경우라면 산소 결핍이 일어나기 쉽다. 양식지 내에 번식하고 있는 녹조류나 갈조류 등의 미생물은 호흡 작용을 행하면서 햇볕의 도움을 받아 광합성을 하게 된다. 이때 녹조류 등의 미생물은 다량의 산소를 방출하게 된다.

이러한 이유로 쾌청한 날씨가 계속될 때에는 산소가 부족되는 현상은 일어나지 않지만 흐린 날이 계속되게 되면 광합성 작용이 떨어지게 되므로 물속의 산소는 쾌청한 날의 경우보다는 산소가 늘어나지 않고 물고기의 호흡뿐만 아니라 녹조류 등의 미생물 등의 호흡에도 산소를 사용하게 되므로 결국에는 산소의 결핍상태가 생기게 되는 것이다.

야간에는 녹조류가 호흡작용만을 하게 되므로 일기가 불순하게 되면 낮에 충분한 산소를 발생하지 못하게 되므로 밤에는 특히 결핍상태가 현저하게 된다. 장마철에 산소 결핍이 일어나는 것도 이러한 이유에서이다. 이렇게 산소 결핍 상태가 계속되게 되면 미꾸리는 운동을 하지 않고 소화불량을 일으키게 된다. 결과적으로 먹은 먹이는 소화가 되지 않은 채로 배설되게 되므로 미꾸리의 발육이 저해되는 것은 물론 그 배설물의 분해에 의해서 물속의 산소는 점점 부족하게 된다.

이러한 산소 결핍 상태를 방지하기 위해서는 주수량을 증가시킨다. 이때의 주수에는 낙차를 만들어 수면에 파도를 일으키게 하면 공기 속의 산소를 보급하는 효과도 볼 수 있다. 또한 수차(水車)를 이용하여서 파도를 일으키게 할 수도 있으며 응급조치로써는 호스로 수면 위로 물을 살포하는 것도 이용할 수 있다.

바람이 불어서 자연적으로 파도가 일게 될 때에는 자연히 공기 속의 산소가 녹아들게 되므로 산소 결핍은 일어나지 않는다.

일반적으로 산소 결핍은 이상과 같이 기온의 상승으로 수온이 상승하는 계절에는 일몰 후부터 새벽까지의 시간에 가장 일어나기 쉽기 때문에 저녁 때부터 새벽까지는 수차를 회전시켜서 자동적으로 산소를 보급하는 것이 좋다.

4. 월동과 그 대책

미꾸리는 11월경부터 동면을 시작하여 3월 중순경에 깨어나 활동을 하게 된다. 이 기간 동안의 양성지의 물은 40~60cm 유지해 두도록 한다.

양식가에 따라서는 물을 모두 뽑아내고 바닥흙에 어느 정도의 습기만 유지하게 하는 정도로 흙 속에서 월동하게 하는 경우도 있다. 그러나 물은 모두 뺀 경우에는 흙표층 가까이에서 동면하는 미꾸리는 한파에 얼어 죽을 염려가 많고 또, 흙이 지나치게 건조해지면 질식해서 죽는 수도 있다. 특히 사양질 땅에서는 미꾸리가 깊은 곳까지 들어갈 수 없으므로 표층 가까이에서 동사하기가 쉽다. 이와 같은 이유로 해서 양성지의 물을 모두 빼내는 것보다는 40~60㎝ 정도로 유지해 두는 것이 좋을 것이다.

벼논 양식못에서 월동 시는 깊은 장소에만 방양하여 논 전체에 먹이를 주지 않고 한 장소에 밀사(密飼)한다.

만일 그대로 전체 면적에 월동을 시키게 되면 혹한기에 동사하는 일이 종종 있으므로 주의하여야 한다. 아주 추울 때는 깊은 장소에 볏짚(1~4묶음/평)을 넣어서 밑바닥까지 얼음이 얼지 않도록 한다.

웅덩이 못에서 월동 시는 될 수 있으면 남향으로 된 못 둑 언저리 일대에 수렁흙을 쌓아올려 거기에 볏짚 등 속을 어느 정도 밟아두게 되면 그 장소가 비교적 얕게 되는 관계로 미꾸리들이 자연스럽게 모여들게 되어 월동한다. 또 논둑 언저리에 나무판자를 사용하여 울타리를 쳐서 별도의 월동장소를 만들어 주기도 한다.

동면을 하고 있는 장소는 가급적 손을 대지 않는 것이 좋다. 그 흙을 파내거나, 파헤쳐 놓으면 표층에 틈이 생겨 미꾸리가 얼어죽을 염려가 많기 때문이다.

만일 동면기에 미꾸리를 출하해야 한다면 연못의 한쪽 구석부터 파헤쳐서 그 흙 속에 동면하고 있는 미꾸리는 단 한 마리도 남김없이 포획해야 할 것이다. 일부만 포획하고 나머지는 그대로 둔다면 남아 있는 미꾸리는 십중팔구 얼어죽고 말 것이기 때문이다.

5. 계절별 관리

미꾸리 양식에 있어서 계절별 관리방법은 [표 5-2]와 같고, 1일 점검사항으로는 매일 아침에는 양식지를 순회하면서, 미꾸리의 건강상태와 행동을 관찰하여, 산소 결핍의 징후가 보이면 물갈이를 하여 주어야 한다.

수온을 측정하여 급이량을 정하고, 먹다 남긴 먹이를 조사하여 급이량을 가

[표 5-2] 미꾸리의 계절별 관리방법

계절별	관리항목	작 업 내 용
봄	양식지 준비	① 4월경 방양 전에 못을 말려서 햇볕을 쬐인다. 　(2년 묵히는 양식지는 불필요함). ② 전년에 병이 발생한 양식지는 겨울철 수확 후 석회로 2회 정도 　살포. ③ 도피망과 배수구를 보수한다. ④ 조방적 양식지는 시비를 한다.
	종묘준비	① 비온 날을 택해서 잡는다. ② 소매점에서 미꾸리 새끼를 구입한다. ③ 인공부화 치어 '종묘'를 구입한다.
	종묘방양	① 방양하기 2주일 전에 양식지에 물을 넣어둔다. ② 구입한 종묘는 방양 전에 테트라사이클린 용액으로 소독을 한다.
여름	장 마	① 바람 없고, 흐린 날이 계속되면 양식지를 순회하여 산소결핍 살핌. ② 주배수구가 쓰레기에 막히지 않도록 한다. ③ 양식지 주변의 안전도 수시 확인.
	수온과 급이	① 매일의 식욕상태에 주의하고 먹이량이 남지 않도록 한다. ② 수온을 매일 기록하고 급이량, 투명도 기록과 25℃ 이상이면 　동물성 먹이를 증가한다. ③ 30℃ 이상 수온이면 먹이를 줄이고 새 물을 주수해서 수온조절함. ④ 물이 썩는 것을 주의하고 산소결핍을 예방한다.
	수확과 출하	① 시장상태를 조사해서 출하시기를 정한다. ② 수확의 전일은 급이를 중지해둔다. ③ 수송방법은 사전에 검토해둔다.
	월동준비	① 소형어는 소독 후 다시 방양해서 다음해의 종묘로 사용한다. ② 수심은 40~60cm로 높여둔다.
가을	수확과 축양	① 물을 빼기 전에 수확을 완료한다. ② 테트라사이클린으로 소독하고 겨울출하를 위해 축양어를 출하한다.
	출하	시장시세에 맞추어 축양어를 출하한다.
겨울	월동	① 수심을 40~60cm를 유지하고 월동기에 땅의 빙결을 방지한다. ② 물오리, 백조 등 조류의 해적을 막는다. ③ 사질토는 건조하지 않도록 한다.

감하여야 한다. 저녁에는 양식지의 벽과 주배수구 시설을 점검하여 누수방지와 미꾸리의 도망을 방지하여야 하며, 매일의 기후와 양식지 내 물의 투명도 등도 기록 유지하여야 한다. 또한, 해로운 짐승, 새, 해충에 대하여도 주의를 하여야 한다.

해로운 짐승에 대비하기 위해서 못 주위에 족제비, 고양이 등의 짐승이 잠복할 수 있는 장소 유무를 조사하여 해적이 통용하는 길목은 차단 설비를 하거나 쥐덫을 사용하여 포살하는 것도 필요하며, 빈 깡통같은 것을 주위에 매달아 주는 것도 좋다.

새의 피해에 대비하기 위하여는 양식지 근처에 새가 앉을 장소가 없도록 한다. 양식지 위로 철사로 정(井)자를 쳐서 습격을 방지하고, 개를 양식지 주위에 순회시키는 것도 한 가지 방법이다.

해충에 대한 주의로는 봄철 종묘방양 개시 전 못 물을 일단 빼고 며칠 동안 건조시킨 후 석회로 소독하고, 주·배수구의 설비를 철저히 하여 해충어의 침입을 방지하고, 만일 해충어가 못에 침입했을 때는 양식지 깊은 장소로 몰아 넣어서 잡아낸다.

{제6장

포획 · 선별 · 일시축양 및 출하

제1절 포획시기와 방법

포획시기는 7월 전과 11월 이후가 좋다. 물론 계획 포획을 하는 경우에는 위와 같은 시기를 택하는 것이 좋을 것이나, 가격의 변동이나 수요처를 요구에 따라서는 그 시기가 달라질 수도 있다.

일반적으로 미꾸리의 체중은 부화 후 15개월 전후에 10g에 달한다. 이를 다시 2배 즉 20g에 달하게 기르려면 45개월이 걸린다. 따라서 미꾸리의 포획은 부화 후 15개월 전후 즉, 체중이 10g이 될 때 하는 것이 가장 이상적이다. 그 이상 미꾸리의 체중을 늘리려다 보면 사료비 · 관리비 등 과다한 경비의 지출을 감수해야 하므로 비합리적이라고 할 수 있다.

위와 같은 이유로 미꾸리의 포획은 부화 후 15개월째인 6월 하순경부터 7월 상순 사이에 10~15일 간격으로 하게 된다. 또한 이때를 넘긴 미꾸리는 동면하기 직전인 10월 하순경부터 11월 초순 사이에 한다. 그 이유는 이때의 미꾸리는 동면하기 위하여 가장 많은 영양소를 비축하고 있기 때문이다.

포획에는 뜰채나 포획주머니를 사용한다. 사육 순치가 잘 되어 있다면 미꾸리는 먹이를 투여한지 몇 분 이내에 먹이장에 모여들게 된다. 이때를 이용하여 손쉽게 뜰채로 떠낼 수 있다.

또 포획주머니는 삼베 등을 사용하여 만드는데 이 속에 쌀겨를 반죽하여 경단 모양으로 만들어 속에 넣고 물속에 가라 앉힌다. 이것을 주배수구 주위나 먹이장에 가라앉히면 매우 효과적이다.

[그림 6-1] 포획주머니의 설치 모습

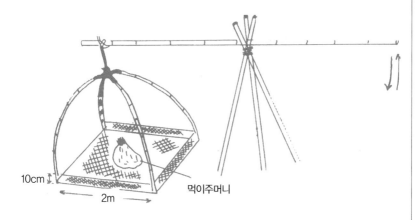

10cm

2m

먹이주머니

한편 사육 순치가 잘 되지가 않아 미꾸리가 먹이장에 모여들지 않는 경우에
는 다음과 같은 방법을 사용한다. 즉, 일단 연못의 물을 어류장만 제외하고는
모두 뺀다. 이렇게 하면 미꾸리는 물이 빠짐에 따라 차차로 어류장으로 모이
게 되는데 이때에 뜰채로 떠내면 된다.

다른 방법으로는 통발을 이용하는 경우가 있다. 즉, 야간에 통발(흔히 농촌
에서 붕어나 미꾸리 등 천연 물고기를 잡기 위해 만드는 통으로 된 그물)을 설
치하여 포획하기도 한다. 통발은 보통 크기가 직경 15cm, 길이 50cm 정도의
긴 원통형 구조로서 입구에 한번 들어간 미꾸리는 나오지 못하게 [그림 6-2]
와 같은 구조로 만들어져 있으며, 그 반대쪽은 열었다 닫았다 할 수 있게 되어
있다. 통발의 재료는 망목 3mm 정도의 코팅 철망이나 스텐레스 철망으로 하
며 만들기 쉬운 구조이므로 직접 만들어 쓰도록 한다.

이 통발을 양어지의 배수구 부근에 통발입구가 양어지의 안쪽 방향으로 향
하게 여러 개 놓은 후 배수구에서 물을 조금씩 빠지게 하면 물을 따라 내려온
미꾸리가 통발 속으로 들어간다.

이때 통발을 장시간 방치하면 통발 속에 들어간 미꾸리가 호흡 곤란으로 죽

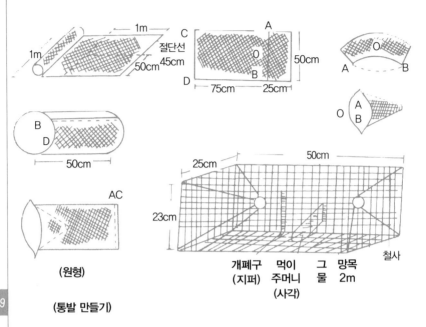

[그림 6-2] 통발의 제작과정과 완성통발

을 위험이 있으므로 20~30분 간격으로 잡아낸다.

만약 여름에 선별적으로 가끔 잡아낼 때는 통발 안에 깻묵, 번데기 양어용 배합사료 등을 넣은 먹이주머니를 매달고, 주배수구 부근에 놓아서 유인하여 잡아낸다. 동면기에 포획하는 경우에는 어류장의 물을 모두 빼내고 어류장 밑 바닥의 흙 속에 모여 있는 것을 파올린다.

[그림 6-3] 선별기의 모양

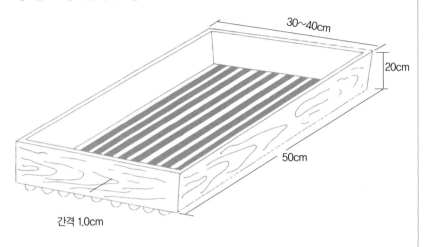

제2절 선별(選別)

　상품가치가 가장 높은 것은 20g 이상의 미꾸리 즉, 양태(養太)이다. 물론 전술한 바와 같이 양식업자의 입장으로서는 최단 사육기간인 15개월 전후의 성장 체중인 10g 내외의 미꾸리를 판매하는 것이 이상적이겠으나 수요자의 입장에서는 체중 20g 전후인 양태(또는 후도)를 가장 많이 요구하고 있으므로 그런 경우는 양식업자로서도 어쩔 수 없이 양태를 공급해 주어야 할 것이다.

　미꾸리의 선별이란 필요한 크기(대개는 비슷한 체중이다.)의 미꾸리만을 골라낸다는 뜻이다. 이 선별은 선별기를 사용해서 하게 된다.

　선별기는 [그림 6-3]과 같이 만들며, 사용에 편리한 크기로써 보통 가로, 세로 40~50cm, 길이 15~20cm 정도의 나무상자 바닥에 간격 1cm정도의 간격재(間隔材)를 붙인 것으로써 이것을 물에 띄우고 미꾸리를 넣어 흔들면 선별기 바닥의 간격보다 작은 것은 빠지고, 큰 것만 남게 되므로 선별 작업을 쉽게 할 수 있다.

선별기의 바닥 간격재의 폭은 사용자에 따라 조정하여 만들며, 간격 재료는 10~15mm의 PVC파이프를 이용하면 편리하다.

선별기를 통과한 어린 것은 말라카이트그린 1/50만 용액에 20~30분간 약욕 후 다시 양어지에 넣고, 상품으로 출하할 미꾸리는 망으로 된 축양기에 넣어 용기의 윗면이 수면 위로 올라오게 하여 흐르는 물에 2~3일간 축양하면 창자 속의 내용물을 모두 배출할 수 있다.

제3절 일시축양과 출하

연못에서는 포획한 미꾸리는 운반저항력이 매우 약하다. 따라서 포획 직후의 미꾸리를 바로 수송한다는 것은 그 미꾸리를 한꺼번에 죽여버리는 것과 다름이 없다.

그러므로 출하 전에 충분히 운반저항력을 길러줄 필요가 있다. 운반저항력을 길러주기 위하여는 일반적으로 축양(畜養) 즉, 임시저장의 방법을 사용한다. 즉, 포획한 미꾸리를 1~2일간 먹이를 주지 않은 채 임시저장소에 넣어 둔다.

이 임시저장소를 축양기(畜養器)라고 하는데, 이 축양기를 물표면 위로 나오도록 하여 미꾸리가 장호흡을 하도록 하는 것이 바로 미꾸리의 운반저항력 양성의 요령이다.

물갈이는 포획 첫날은 4~5회, 2일째부터는 2~3회 한다.

축양기에 저장하면 코끝이 상하거나 피부가 벗겨져서 사망하는 미꾸리가 생기므로 주의하여야 한다. 일반적으로는 나무로 만든 축양기에 저장하는 경우가 손상이 적다고 한다.

운반용기로는 일반적으로 가로 82cm, 세로 50cm, 높이 30cm 정도의 대바구니를 이용한다.

이 대바구니 안에 신문지를 깔고 거기에 미꾸리를 약 16kg을 넣는다. 기온이 높을 때는 얼음덩이를 그 안에 넣어 습기를 유지시키고 수온의 상승을 방지한다. 이 방법으로 10여시간의 운반이 가능하다.

최근에는 가로 40cm, 세로 60~70cm 크기의 2중 폴리에틸렌 주머니에 미꾸리와 소량의 물을 넣고 5kg 정도의 미꾸리를 넣은 다음 그 속에 산소를 충만시켜 봉한 후 종이상자에 넣어 그늘 상태로 하여 수송하는 방법도 사용하고 있다. 보통 종묘로 쓰는 작은 미꾸리는 장거리 운반을 하면 스스로 뿜어낸 점액으로 아가미가 막혀 질식하기 쉬우므로 특히 이 방법이 적합하다.

part

2

뱀장어 양식

제1장
서 언

뱀장어 양식의 가장 오랜 역사를 가진 나라는 이탈리아이다.

일본은 1877년에 시작되어 현재에 이르고 있으며 근래에는 대만 및 아열대 지역에서도 집약적(集約的)인 양식이 이루어지고 있다.

우리나라는 1960년 이후 정부의 뱀장어 진흥책에 힘입어 붐을 일으킴으로써 초기에는 종묘양성 수출과 일부 식용어 생산이 이루어지다가 1970년에 와서는 성만양식기술 발전과 국내 소비수요 확대로 거의 성만 양식으로 전환되었다.

1980년대에 와서는 양질의 뱀장어용 배합사료 개발과 시설자재사용의 용이성 등으로 고밀도 양식방법인 순환여과 양식방법에 의해 양식이 이루어지고 있다.

근래에는 순환여과 사육시설에 의한 고밀도 사육으로 단위당 생산성이 향상되었으며 그 규모도 크므로 웬만한 양어장이면 중소기업형 규모라고 볼 수 있고 또 생산성과 순이익도 다른 어종에 비하여 안정적이라고 볼 수 있다.

그러나 아직도 시설이나 생산 운영이 합리적이지 못한 부분이 많으므로 특히 침전 및 정화조 기능의 최대치 도달, 단열시설의 완벽, 양질사료의 적정급이 등 재검토해야 할 부분이 많다고 보아지고 있다.

뱀장어의 연도별 생산은 내수면연구소통계에 의하면 [표 1]과 같다.

[표 1] 뱀장어 연도별 생산량   (단위:톤)

연도별 구분	'91	'92	'93	'94	'95	'96	'97	'98
계	2,498	3,259	2,547	2,679	2,469	1,712	2,343	2,257
어로	112	111	96	93	124	113	56	44
양식	2,386	3,148	2,451	2,586	2,345	1,599	2,287	2,213

연도별 구분	'99	'00	'01	'02	'03	'04	'05	'06
계	2,051	2,739	2,661	2,978	4,332	5,205	5,810	5,437
어로	14	14	17	10	20	37	35	43
양식	2,037	2,725	2,644	2,968	4,312	5,168	5,775	5,394

(내수면연구소 통계자료)

　뱀장어는 고급 단백질 식품으로 높이 평가를 받고 있고 수요도 안정되고 생산기술보완도 가능성이 많으나, 종묘수집 문제는 언제나 인위적으로 불가능한 상태이므로 종묘(실뱀장어) 수급조절에 양식가들은 공동으로 대처해 나가야 하겠다.

제1절 종류

뱀장어 종류는 세계적으로 16종 3아종(計 19종)이 있으며, 우리나라에서는 뱀장어(*Anguilla japonica*)와 무태장어(*Anguilla marmorata*)의 2종이 있으나 양식 대상은 뱀장어 1종으로 일본, 중국, 대만, 베트남 등 광범위하게 분포하고 있다. 뱀장어를 양식하는 과정 중에 양식 어민들에게 뱀장어의 크기에 따라 여러 가지 이름으로 불리고 있는데 참고로 명칭별 설명을 하여 보면 다음과 같다. 부화 후 실뱀장어가 되기 전까지는 버들잎 모양으로 넙적하며 투명하다. 이것을 렙토세파루스(Leptocephalus)라고 한다. 이 렙토세파루스가 바다에서 하구를 향하여 소상(遡上)하는 동안 변태하여 체장은 5~6cm, 체중은 0.15~0.18g으로 되고 몸의 색은 투명하면서 백색에 가까운 실뱀장어가 된다. 이 실뱀장어가 하천에 올라와서 20일 이상 생활하면 흑색으로 변한다. 이것을 검둥뱀장어(0.2~2g)라고 하고 2g 이상 100g까지를 새끼장어라고 하며, 100g

[표 2-1] 뱀장어의 규격별 명칭

명 칭	규 격	비교(일본말)
실뱀장어	0.15~0.18g	시라스
검둥뱀장어	0.2~2g	구로고, 댄비리
새끼장어	2~100g	요-쥬, 에리시다
성 만	150g	후도, 요후도

이상은 성만(成鰻)이라고 한다.

흔히 종묘 또는 원료라는 말을 많이 사용하는데 이것은 양식 종묘용으로써 실뱀장어, 검둥뱀장어, 새끼장어의 총칭이다.

또한 양식업자간에 그리고 공급자와 수요자간에 통용되는 뱀장어 명칭을 다음과 같은 크기에 따라 구별해서 호칭한다. 괄호 안의 것은 일본말 명칭이다.

[표 2-2] 공급자와 수요자간 통용되는 명칭들

0.8~13g	양(養)꼴찌(양비과)
15~40g	양중(養中 : 요꾸)
80~100g	선하(選下 : 에리시다)
100~250g	양태(養太 : 요후도)
	성품(成品 : 세이힌)
250g 이상	양복(養僕 : 보꾸)
	천복(天僕 : 양보꾸)
죽은 뱀장어	오름(이가리 죠스께)

알에서 부화된 직후의 새끼 모양은 버들잎 모양의 투명한 렙토세파루스로 되고, 이것이 실뱀장어(5~6cm)로 변태하면서 연안의 하천까지 오는데, 약 1년이 소요된다고 하며 중국 본토, 대만, 유구열도, 한국, 일본 등지의 연안으로 오게 된다.

우리나라의 뱀장어 소상시기는 2~5월이며 주로 오끼나와에서 대마도로 올라오는 난류를 따라 올라오기 때문에 남해안과 서해 남부 연안에 인접한 하천 하류에서 많이 체포되고 있다.

뱀장어의 크기는 암컷은 체장이 50~90cm 내외이고, 수컷은 40~60cm로 암컷에 비하면 적다.

우리나라에 서식하고 있는 종류는 뱀장어와 무태장어의 2종뿐이다.

 뱀장어는 몸의 표면에 얼룩무늬가 없고 등뼈의 수는 112~119개이며 길이는 40~50㎝ 정도이다. 우리가 양식하려는 것은 바로 이 종류이다.

 무태뱀장어는 몸의 표면에 흑갈색의 얼룩무늬가 있고 등뼈의 수는 100~110개로 뱀장어보다 적다. 그 반면에 체장은 1m 이상 되는 것이 많고 뱀장어보다 크다. 그러나 이 종류는 양식의 대상이 못된다.

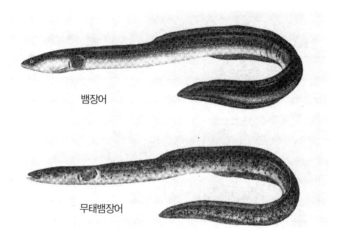

[그림 2-1] 뱀장어, 무태뱀장어

제2절 생태(生態)와 습성(習性)

 뱀장어의 생활사는 아직 정확하게 알려져 있지 않으나 바다에서 하천으로 올라온 뱀장어 새끼(실뱀장어)는 4~12년간 300~1000g으로 성장하여 어미가 되며 어미가 된 뱀장어는 가을부터 겨울에 걸쳐 하천 하류에 내려와서 바다로 다시 들어가게 된다.

1. 산란(産卵) · 부화(孵化) · 변태(變態)

우리나라와 일본 및 중국산의 뱀장어(A. japonica)는 여러 가지 정황과 연구결과로 보아 오끼나와의 남방인 수심 400~500m가 그 산란장의 유력한 후보지인 것으로 보인다.

산란기(産卵期)는 이른 봄에서 여름철에 이르는 것으로 추정된

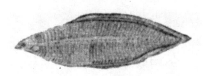

[그림 2-2] 렙토세파루스

다. 1마리의 어미 뱀장어는 700만~1,300만 개의 부유성(浮游性) 알을 한 곳에 낳고 죽는데 알의 크기는 직경이 0.5~1.0mm 정도이다.

뱀장어 알의 부화일수는 10일 이내이며 아마도 4~5일이 소요되는 듯하다. 부화 직후에는 아직 난황(卵黃)을 가지고 있는 상태인데 이를 유어(幼魚:Leptocephalus:새끼 뱀장어)라고 하며 그 크기는 구주산 뱀장어의 경우는 약 6mm이다.

이 렙토세파루스(Leptocephalus)는 모양이 편평하여 처음에는 다른 어류로 생각되었으나 Grassi(1896)의 연구로 비로소 뱀장어의 치어(稚魚)로 확인된 것이다.

부화한 유어(幼魚:새끼 뱀장어)는 점차 물표면 쪽으로 올라온다. 몸 길이 5~15mm로 성장하면 물표면에서 50m깊이까지 올라오는데, 낮에는 수심 50m 층에, 밤에는 수심 20~30m층에 올라온다. 이와 같이 성장함에 따라서 상하이동을 하면서 점차 산란장에서 여러 방면으로 분산한다.

이러한 렙토세파루스 기(Leptocephalus 期)에는 환경에 대한 저항력이 대단히 약하므로 죽기 쉽다. 또한 헤엄치는 힘도 약하므로 다른 물고기들의 좋은 먹이가 되기도 한다.

부화 후 버드나무잎 모양의 유어(幼魚:Leptocephalus:새끼 뱀장어)는 1년 내에 변태가 완료되어 실뱀장어가 된다.

이 실뱀장어는 중국, 대만, 유구열도, 한국 및 일본의 연안으로 몰려든다. 산란장이 확실하지 못하므로 산란장에서 목적지 즉 위의 여러 연안에 닿기까지 얼마나 걸리는지는 알 수 없다. 다만, 연구의 결과 구미산의 실뱀장어는 영국까지 약 3년, 미국까지는 약 1년이 소요되는 것으로 알려지고 있다.

하여간 연안에 닿는 실뱀장어의 몸 길이는 4~6cm, 몸무게는 0.2g 정도로 무색 투명한데, 우리나라 연안에는 대개 2~4월에 닿게 된다.

2. 실뱀장어의 소상(遡上)

연안에 숨어 있던 실뱀장어가 강을 따라 올라오는 이유는 정확히 밝혀져 있지는 않으나, 그것은 민물에 대한 본능적인 향수에 그 원인이 있는 것으로 추측되고 있다.

낮에는 물밑에 숨어있다가 주로 밤에 떼를 지어 강을 거슬러 올라가고 수온의 상승에 따라 작은 수생 동물을 적극적으로 잡아 먹는다.

이러한 실뱀장어는 수온 11℃ 내외에서 2주간안에 검둥뱀장어가 된다.

몸의 길이가 15~16cm가 되면 비늘이 나기 시작하고, 21cm가 되면 몸 전체에 비늘이 생긴다.

실뱀장어의 소상은 수온(水溫)과 간만(干滿)관계가 중요하게 작용하는 것 같다. 연구에 의하면 하천의 수온이 8~10℃에 가장 소상이 활발하고, 만조(滿潮)를 전후한 2시간 사이에 소상이 가장 활발하다. 또한 장조(張潮) 시간에서는 점차 소상량이 증가하다가 만조 90분 전부터 격증하고 간조(干潮)가 시작된 30분 후에 격감하므로 결국 만조 전 90분과 후 30분간의 2시간 사이에 전 소상량의 약 80%가 된다는 것이 연구결과 밝혀졌다.

또 일몰(日沒)과 만조가 일치하는 때에 소상량이 가장 많으며 자정 후에는 그 소상량이 감소한다는 연구결과도 알려져 있다.

3. 실뱀장어의 성장과 성별(性別)

대개 수컷 실뱀장어는 하구의 기수역(汽水域)에 머물러 있고 암컷 실뱀장어만이 하천을 거슬러 올라가 담수에서 7~12년 살다가 성숙한 후 산란을 위하여 바다로 내려간다.

바다로 가기 위하여 강을 따라 내려가는 시기는 대개 가을이다. 이때 암컷의 몸 길이는 50~90cm 내외이고, 수컷의 몸 길이는 40~60cm 내외가 된다. 뱀장어의 암수컷 구별이 가능한 최대의 몸 길이는 25.2cm이다. 대개 몸 길이가 6~9cm 정도까지는 암수의 구별이 없는 중성이다. 그후 성장 환경에 따라 암수가 구별된다.

일반적으로 암컷 뱀장어는 수컷보다 가슴지느러미가 짧고 끝이 없으며 둥글다. 또 안경(眼徑)과 안격(眼隔)은 암컷보다 수컷이 더 크고 길다.

4. 인공채란과 인공수정

뱀장어에 있어서의 인공채란과 인공수정은 아직까지는 실험실에서의 시험 성공조차도 어려운 단계이다. 다만, 프랑스에서 1964년에 Fontaine에 의하여 뱀장어를 완전히 성숙시킨 후에 인공수정시험에 성공한 예가 있다.

뱀장어의 인공채란과 인공수정에 관한 연구는 현재에도 활발히 진행되고 있는 상황이므로 머지않아 이 어려운 과제도 풀릴 수 있으리라고 기대한다.

5. 뱀장어의 특징

(1) 뱀장어의 피부

뱀장어의 피부는 외피(外皮)와 비늘로 구성되어 있다. 외피는 표피(表皮)와 진피(眞皮)로 되어있는데, 이 진피에 점약조직이 있어서 점액을 분비한다.

뱀장어의 이러한 피부는 호흡기관의 작용도 한다. 즉 뱀장어는 전 호흡의 2/3 정도를 피부로 호흡하는데 이를 피부호흡이라 한다. 이런 이유로 해서 뱀장어는 물에서 꺼내 놓아도 장시간 살 수 있다.

(2) 뱀장어의 지방층

뱀장어의 지방층은 섭취하는 먹이의 지방과 흡사한 성분을 띠게 된다. 예를 들면 번데기를 주로 먹이로 공급해 주면 번데기의 지방과 흡사하고 꽁치를 먹이로 공급하면 꽁치의 지방과 흡사한 지방층이 형성된다. 특이하게도 그 지방층은 주된 공급사료의 냄새까지도 지니게 된다.

그러므로 뱀장어를 출하하기 전에 반드시 활어조에 뱀장어를 방류하여 그러한 냄새를 충분히 제거해야 할 필요가 있다.

(3) 뱀장어의 측선(側線)과 눈

뱀장어에는 몸통 양쪽에 광택이 있는 점선이 있다. 이것을 측선이라고 하는데 이는 소리를 느끼는 감각기관이다.

뱀장어의 눈은 상하, 좌우, 전후를 자유로이 볼 수 있는 특징이 있다. 또한 인간의 눈과 마찬가지로 망막에 영상이 비치게 되어 있다. 다만 이 망막은 인간의 망막에 비하여 좀 더 다른 특징을 가지고 있는데 그것은 바로 어둠 속에서도 볼 수 있다는 점이다.

(4) 뱀장어의 후각(嗅覺)과 미각(味覺)

뱀장어는 어류 중에 가장 후각신경이 발달되어 있다. 따라서 눈이 먼 상태라도 이 발달된 후각의 덕분으로 훌륭히 성장할 수 있다.

뱀장어에게는 혀가 없다. 그러나 입속에는 잘 발달된 미각신경의 선단이 있어서 맛을 구별한다.

커다란 뱀장어 양식지의 한 구석에 먹이장을 설치하여 먹이를 주면 곧바로 몰려들어 먹이를 구별하여 먹는 것은 이와 같이 잘 발달된 후각신경과 미각신경 때문이다.

(5) 뱀장어의 소화기

뱀장어의 소화기는 크게 발달한 위와 그에 연결되는 장관(腸管)으로 구성되어 있다. 일반적으로 뱀장어는 탐욕적으로 먹이를 먹는데 그 원인은 뱀장어의 위가 정상 이상으로 발달되어 있는 데 있는 것 같다.

뱀장어의 창자는 커다란 위와는 대조적으로 짧고 그리고 직선적이다. 이것 때문에 야간에 산소의 결핍으로 코올리기 하는 경우에는 먹은 먹이를 곧잘 토하고는 한다. 따라서 먹이의 토사를 방지하기 위해서는 먹이의 공급을 오전 중에 하여 야간에는 공복인 채로 지내도록 주의를 기울일 필요가 있다.

(6) 뱀장어와 수온(水溫)

뱀장어의 호흡이나 맥박은 수온(水溫)과 밀접한 관계가 있다.

뱀장어는 아가미와 피부로 호흡하며 아가미로 전호흡의 1/3, 피부로 전호흡의 2/3를 하는데, 호흡의 횟수는 1분간 12~92회의 큰 폭을 나타낸다. 그 이유는 수온과 밀접한 관련을 가지고 있다. 즉, 저온에서는 호흡횟수가 적어지고 고온에서는 그 반대로 호흡횟수가 많아진다. 가장 알맞은 물의 온도는 20℃

전후로 이때의 호흡횟수는 50회 정도이다.

뱀장어의 맥박도 온도에 따라 차이를 나타낸다. 즉 수온이 낮아지면 맥박수도 적어지고, 온도가 높아지면 맥박수도 많아진다.

뱀장어를 수송할 경우에 얼음을 사용하여 수온을 낮추는 것은 바로 이 때문이다. 즉 수온을 낮게 유지시킴으로써 뱀장어의 호흡수와 맥박수를 줄여 산소의 소요량을 줄임으로써 뱀장어의 체력소모를 최소한으로 줄이려는 것이다.

(7) 뱀장어의 코올리기

뱀장어도 다른 물고기와 마찬가지로 수중에 산소가 부족하면 공기 중의 산소를 흡입하기 위하여 수면에 떠올라 입을 뻐끔거린다. 이를 뱀장어의 코올리기(혹은 입올림)라고 하는데, 이 코올리기는 산소결핍뿐 아니라 뱀장어의 건강척도가 되는 것인만큼 크게 주의를 기울여야 할 것이다.

뱀장어가 견딜 수 있는 최소한도의 산소량은 수온에 따라 차이는 있으나, 일반적으로 1ℓ당 1~2cc이다. 그러나 유화수소나 탄산가스가 지나치게 발생한 경우에는 산소부존량이 2cc 이상일 때에도 폐사하는 경우가 있으므로 지극히 주의를 해야 할 것이다.

{ 제3장

양식의 일반 지식

제1절 양식적지

적지 선정은 양만(養鰻)의 성패를 결정짓는 가장 중요한 사항이다. 적지가 좋지 않으면 아무리 훌륭한 관리 기술이 있다고 해도 좋은 결과를 얻기가 어렵다는 것은 말할 필요도 없다고 본다.

뱀장어 양식장의 적지 선정 요건은 다음과 같다.

1. 수원(水源)

① 용수(用水)는 지수식에 있어서 가급적 수온이 높고 용존산소량이 풍부한 하천수, 저수지물 및 지하수를 이용하는 것이 좋다. 순환여과식은 지하수, 용천수, 온천수로 수량이 풍부하고 홍수의 피해 염려가 없을 뿐만 아니라 가뭄에도 아무런 영향이 없어야 한다.

② 농약이나 공장폐수 또는 광산수의 영향을 받지 않아야 하며 하천수의 수질오탁(水質汚濁) 문제에 대비하여 지하수가 풍부한 지역이면 더욱 좋다.

③ 수질은 심한 산성이나 알칼리성이 아닌 중성으로써 pH6.5~8.5이어야 한다.

2. 지형(地形)

① 적당한 경사(傾斜)가 있어 주배수(注排水)가 편리하며, 관리나 시설 시 경비를 절약할 수 있는 곳.

② 기후가 온화하고 남향으로 햇빛이 잘 쪼이는 양지 쪽으로 바람이 너무 심하게 일어나지 않는 곳.

③ 사료구입과 종묘구입이 원활하고 상품을 판매하는 데 편리한 곳.

3. 지질

① 지수식 양식에 있어서 산성토질이나 모래질의 누수(漏水)지역은 절대 피해야 하며 보수력(保水力)이 강한 점토질과 부식토, 모래질이 알맞게 배합된 곳.

② 순환여과식은 콘크리트 시설이 가능한 곳.

제2절 양식 일반 기술

1. 실뱀장어의 채포(採捕)

(1) 실뱀장어 소상(遡上) 및 채포 조건

① 기후 조건

실뱀장어는 운량(雲量)이 6~8 이상으로 기온이 포근한 날에 비교적 소상이 많다. 이러한 날 주간에 강우가 있었을 때엔 소상량은 더욱 현저히 증가한다.

반대로 보름달이 있는 밝은 밤에는 집어등의 효과는 거의 기대할 수 없고 따라서 소상량은 분산되어 채포량은 줄어든다.

② 풍향(風向)과 풍력(風力)

풍향과 풍력은 실뱀장어의 채포(採捕)에 많은 영향을 끼친다. 풍력은 1~2정도의 미풍(微風)일 때가 무풍(無風)의 날이나 강풍(强風)의 날보다 채포량이 증가되며, 바람이 너무 강하면 집어등의 사용이 어려우며 물결 때문에 소상하는 실뱀장어의 발견이 곤란하다. 강풍이 있는 날에는 실뱀장어의 소상군(遡上群)은 저층으로 이동하거나 소상이 없는 때도 있다.

③ 조석(朝夕)과의 관계

실뱀장어의 주 소상군은 조류에 편승하여 상류로 이동하므로 조석과 밀접한 관계를 나타낸다. 대체로 채포량은 썰물 때보다 밀물 시에 많고 시간적으로 최고는 일몰시각과 밀물시각이 일치하는 밀물시각 전후 3~4시간 동안이다. 또한 밀물과 썰물의 차가 적을 때보다 클 때에 채포량이 많고, 밀물과 썰물의 차가 클 때와 어두운 그믐이 일치할 때 소상량이 최고로 많다.

④ 일몰시각과의 관계

조류의 영향이 없는 곳에서는 소상량은 일몰시각과 깊은 관계를 가져서 일몰 후 1~3시간 동안이 많으며, 밤 12시를 넘으면 소상은 거의 없어진다.

⑤ 수온과의 관계

실뱀장어의 소상은 수온과도 깊은 관계를 가져서 8~10℃에서부터 소상군이 나타나기 시작하여 14℃ 이상이 되면 활동이 활발해진다.

수온 6~7℃ 이하에서는 실뱀장어의 활동이 줄어짐에 따라 소상하는 성질도 제약을 받게 되어 비교적 깊은 저질의 자갈 밑이나 모래 뻘 속에 잠입한다. 소상 활동의 최저 수온은 6℃이다.

⑥ 해황의 영향

소상기의 해황은 소상량과 소상 방향에 가장 큰 영향을 미치게 된다. 그러므로 해황예보에 의해 실뱀장어의 소상량과 소상 방향을 예상하기도 한다.

채포기인 2~4월에 한발이 극심하여 담수 유입이 전혀 없었거나, 또한 수온이 7~8℃의 저온현상을 나타내면 소상량이 적어진다.

(2) 실뱀장어 채포 장소와 채포 시기

우리나라의 실뱀장어 채포 시기는 2~5월 사이이며, 제주도에서는 12~1월부터 소상한다 하나 소상량은 극소량이다.

채포 장소로는 제주도와 남해안 및 서해안에 위치하고 있는 강이나 하천의 하구 부근으로 경남의 김해, 녹산, 하동, 전남의 광양, 섬진강 하구의 강진, 장흥, 해남, 전북의 고창, 김제지역, 충남의 강경, 경기의 강화, 김포지역에서 실뱀장어 채포가 성행되고 있다.

(3) 채포 방법

실뱀장어의 채포 방법은 일반적으로 사용되고 있는 짚묶음에 의한 방법, 집어등과 수초망(手抄網)에 의한 방법, 회수망에 의한 방법, 장망에 의한 방법 등 네 가지가 있다.

① 짚묶음에 의한 방법

이 방법은 주간에만 사용하는 방법으로 작업하기가 쉽고 도구도 가장 간단하다. 짚묶음은 실뱀장어의 소상이 있는 하구나 저수지 등에 설치하여 채포하는 방법으로써 구조는 간단하나 채포 효과가 좋지 않아서 실제 많이 보급되고 있

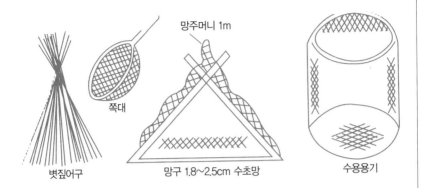

망주머니 1m

쪽대

볏짚어구

망구 1.8~2.5cm 수초망

수용용기

[그림 3-1] 실뱀장어 채포 도구

지 않다.

　채포 도구로는 그림과 같이 짚으로 만든 집어구와 수초망 및 수용용기만 있으면 된다.

- **집어구** : 벼 짚단 한 단으로 집어구 1~2속 정도를 만들면 적당하다. 너무 크면 유인하는 집어효과는 좋으나 취급이 불편하다.
- **수초망** : 그물재료는 나일론 망이나 망사로 만든다. 직경 60cm 정도, 손잡이 30cm 가량으로 필요에 따라 만들면 된다.
- **수용용기** : 수용용기의 주위는 철망이나 망사를 사용하여 만들고 채포량이 적은 곳에서는 세숫대야 등과 같이 면적이 넓은 그릇을 사용해도 좋다.

　그러나 수시로 관찰할 수 없는 그릇을 사용할 때는, 채포 작업 시 용기 내에 채포하여둔 실뱀장어의 상태를 관찰하면서 채포 작업을 해야 함을 잊어서는 안 된다.

② 집어등과 수초망에 의한 방법

　집어등과 수초망을 사용하여 어획하는 방법은 가장 무난하며 현재 가장 많이 사용하는 방법이다. 이 채포법은 실뱀장어의 성질 중 추광성의 성질을 이용한 것으로써 채포장에 집어등(集魚燈, 약 100촉광)을 설치해 두면 1~2분 내에 실뱀장어가 불빛을 보고 모여든다.

이때 준비한 수초망으로 모여든 실뱀장어를 채포한다. 필요 채포 도구로는 수초망, 집어등 및 수용용기 등이다.

• **집어등** : 집어등으로는 회중전등, 카바이트등, 전기등, 석유봉화의 여러 가지가 있으나, 값이 싸고 시중 구입이 용이한 카바이트등을 많이 사용한다.

③ 회수망(回手網) 사용에 의한 방법

채포 작업은 소상 하천의 폭이 좁은 위치에서 망주머니가 달린 들망을 두 사람이 마주 잡고서 왕복으로 실시한다. 채포망의 제작비가 비교적 많이 드나 효과가 좋다고 알려져 있다. 여기에 집어등을 사용하면 더욱 좋은 채포 효과를 얻을 수 있다.

④ 장망(張網) 사용에 의한 방법

장망 사용법은 조류에 편승하여 하천소에 소상하는 실뱀장어를 채포할 목적에서 수문 근처에서 수문이 비교적 얕은 곳에 장망을 설치하여 채포하는 방법으로써 망목이 적은 것을 사용하면, 1개 하구에 소상하는 양을 거의 전량 채포할 수 있는 완전한 채포 방법이다.

그러나 깊은 하구나 조류가 센 장소에서의 설치는 부적당할 뿐 아니라 시설 경비가 많이 들고 관리도 주의를 요한다.

우리나라에서는 전북지방에서 일부 사용되고 있다.

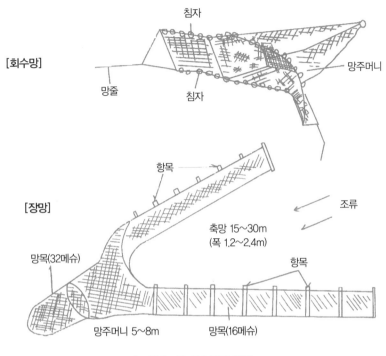

[회수망]

침자

망줄

침자

망주머니

[장망]

항목

조류

축망 15~30m
(폭 1.2~2.4m)

망목(32메슈)

항목

망주머니 5~8m

망목(16메슈)

[그림 3-2] 회수망과 장망

2. 실뱀장어의 수송(輸送)

실뱀장어의 수송에는 비닐봉지와 수송상자(합성수지로 만든 상자)에 의한
2가지 방법이 있다.

비닐봉지에 의한 수송방법은 두께 0.5mm, 폭 40cm, 길이 70cm의 비닐봉지를
두 겹으로 하여 4~5ℓ의 물을 넣고 실뱀장어는 2kg, 천연종묘(개체당 20g 전
후)는 4kg 정도를 넣은 다음 여분의 공간에 순수한 산소를 충만시킨다.

수송 중 수온상승과 어체활동을 막기 위해 종묘를 담은 비닐봉지를 종이상자
에 넣고 별도로 얼음을 비닐에 싸서 넣어 수송하게 되면 15시간 정도는 폐사없
이 무난히 수송할 수 있다.

수송상자(합성수지로 만든 상자)를 이용한 수송법은 상자의 제작에 많은 경비가 소요되는 단점이 있으나, 대량 수송을 위해 우리나라나 외국에서 많이 사용되고 있다.

이 방법은 뱀장어를 수송상자에 넣기 전에 수온 4~5℃의 차가운 물에서 뱀장어의 활동을 억제시킨 후 상자에 뱀장어를 넣는다. 축축한 면포를 덮고 수송 적온인 6℃를 유지하기 위해 깬 얼음을 면포 위에 넣고 얼음으로부터 물이 떨어져 수송 상자 내의 온도가 5~6℃ 유지되도록 유의하며 수송 중 건조되지 않도록 한다.

3. 약욕(藥浴)

실뱀장어를 수집(收集)하였거나 중간종묘(中間種苗)를 구입하여 양어장 내에 가져오면, 사육지에 방양하기 전에 반드시 약욕을 실시한다.

약욕(藥浴)은 주배수관(注排水管)이 구비된 소형의 먹이 버릇들이는 못을 그대로 사용할 수 있는데 먼저 수송 시와 같은 온도의 물을 채운 후 충분히 통기(通氣)시키며 소금과 '아이벳트', '후라네스', '항생제' 등을 준비하여 다음과 같이 약욕을 실시한다.

첫째, 미리 못(池)에 0.7%(물 1톤에 7kg)의 소금을 넣어 잘 녹인 후 수온 17~20℃로 유지하면서 통기(通氣)시킨다.

염수욕(鹽水浴)은 원충류(原蟲類)의 구제(驅除), 약한 고기(弱魚)의 도태(淘汰), 약제(藥劑)의 효과 향상 등이 목적이므로 수면에 힘없이 떠돌아다니는 것이 없이 실뱀장어가 못바닥에 안정(安靜)된 상태에 이를 때까지(약 24시간 정도) 한다.

물 1톤에 종묘 액 10kg까지 수용할 수 있다. 단지 물이 더러워져서 탁하게 되면 교환하고 통기는 충분히 한다.

둘째, 다음 제2의 약욕지에는 '후라네스' 과립이나 수산용 '아이벳트' 수용산(水溶散)을 1ppm(물 1톤에 1g)농도에서 종묘를 24시간 약욕시키거나 항생제인 '오레마이신' 10~20ppm(물 1톤에 10~20g)에 장시간 약욕시킨다.

　이것은 주로 세균성 질병의 예방을 목적으로 하며 종묘 수용량과 물교환은 전 항과 같다.

4. 먹이 버릇들이기

　채포지(採捕池)로부터 수집해 온 실뱀장어는 채포지의 염분량이나 채포 후의 담수순치(淡水馴致)의 기간 등에 따라 수온차나 염분 차이가 급히 달라지지 않게, 원지(元池)에 방양 후의 취급과 관리에 대하여는 다음 표와 같이 한다.

[표 3-1] 방양 후의 취급 관리 (예시)

구 분	제1일	제2일	제3일	제4일	제5일
수 온	17~18℃	18~23℃	23~26℃	수 온	수 온
환수율	중지	1/2	1~1$\frac{1}{2}$	환수율	환수율
소금첨가량/ 물 1톤	10~15kg	약간량 추가	약간량 추가	약간량 추가	약간량 추가
기 타	후란제 약욕	후란제 약욕	실지렁이 급이	실지렁이 급이/ 사이폰에 의한 찌꺼기 제거	4일과 동일

　뱀장어 양식에 있어서 가장 중요한 것은 먹이 버릇들이는 것으로, 여기서 실패하면 뱀장어 성장이 나쁘고 계속하여 뱀장어를 기르는 데 중대한 영향을 준다.

　방양한 실뱀장어는 낮에는 넓게 퍼져 유영하거나 해가 지게 되면 못의 벽면을 따라 유영한다. 일몰 후 급이장에 30W 정도의 전등을 켜주면 약 1시간 후에는 전등 가까이에 모여든다.

그물상자에 실지렁이를 넣고 수면에 거의 닿을 정도로 매달아 두면 일주일 후에는 약 70%가 실지렁이 먹이에 버릇이 든다. 이때 실지렁이가 밑바닥에 떨어진 것이 있으면 집어올려, 먹이상자 이외에서는 먹지 못하도록 습관을 들이고 야간에 사료먹는 버릇이 들면 차차 점등(點燈)시간을 당겨서 주간으로 전환시킨다.

당초의 적정방양량(適正放養量)은 DO(水中浴存酸素量) 5.0~5.5ppm일 때 0.5kg/㎡가 적당하고 수심은 55㎝ 전후로 유지한다. 실뱀장어가 체중 약 1g에 달할 때까지는 양어용 기름(養魚用油脂)을 반죽한 먹이에 첨가시킬 필요가 없다.

(1) 본사료(本飼料)에의 전환

실지렁이에 충분히 버릇이 들면 본사료(本飼料)로 바꾼다.

사료는 선어(鮮魚, 고등어 등 될 수 있는 대로 살결이 흰 생선이 좋다.)와 배합사료가 있는데 뱀장어의 건강을 감안할 때 양자를 혼합하는 것이 좋다.

전환의 방법은 선어(鮮魚) 70%를 쵸파에 갈아서 배합사료 30%와 약간의 실지렁이를 넣어서 유실되지 않을 정도로 부드럽게 반죽하여 급이대에 넣어 급이한다. 이렇게 하여 수일 내에 실지렁이를 넣지 않고 배합사료 30%, 선어 70%의 혼합비로 한다.

이 시기는 사료에 버릇들이는 기간은 아니므로, 1회 급이시간은 30분 정도에서 먹이고 남은 것이 나오지 않도록 조절하고, 1일 4회 정도 급이횟수를 많이 한다.

1일 급이총량은 방양어체중량(放養魚體重量)의 5~6%로 한다. 실지렁이로부터 이 시기까지는 충분히 배가 부르지 않도록 주어야 한다. 위(胃)를 확장시키는 것은 계속 성장에 많은 영향을 주기 때문에 매우 주의해야 할 시기이다. 실뱀장어가 사료를 잘 먹어서 검둥뱀장어(黑子)가 될 정도로 성장할 것 같으면, 차차 급이량을 늘인다.

　수온 25℃에서 배합사료만 먹일 때에는 6~8% 먹이고 배합사료 70%, 선어 30%일 때는 10~13% 준다. 선어는 될 수 있는 대로 신선한 것을 주는데 고등어의 경우는 끓는 물에 한번 데쳐서 불순한 지방질이 떠오르는 것을 버린 후 먹이로 사용한다.

(2) 실뱀장어의 먹이 버릇들이는 적정온도

　기온 순환여과 양식방법이 개발된 후 실뱀장어에서 중간종묘까지 생잔율(生殘率)이 80~90%까지 상승하였는데, 이는 뱀장어의 생태를 이용하여 짧은 기간에 높은 수온에서 먹이 먹는 습관을 들인 데 기인하는 것이다.

　일본 吉田지방에서 연도별 온도 유지 범위를 [표 3-2]에서 보면 '78년 이후 부터는 23℃이하는 전연 없고 24~25℃를 넘어서 '78년도에는 26~27℃가 과 반수를 점하고 있다.

[표 3-2] 吉田지방에 있어서 원지(元池)의 설정 온도 분포

수온구분 ＼ 연도	'76	'77	'78
20℃미만	4%	–	–
20~21℃	14%	3%	–
22~23℃	29%	10%	–
24~25℃	48%	64%	39%
26~27℃	5%	23%	57%
28~29℃	–	–	3%
30℃이상	–	–	1%
합　　계	100%	100%	100%
조사건수	58건	81건	118건

5. 선별(選別)과 분양(分養)

(1) 1차 선별 및 분양

실뱀장어를 기르다가 1차로 선별, 분양을 실시하는 목적은 첫째, 계속적인 양성 과정에서 효과적인 성장을 위하여 과밀(過密)을 방지하고 동시에 과밀에 따른 수질악화를 피한다.

둘째, 성장이 빠른 대형군(大型群)은 선별수용 사육함으로써 보다 빠르게 성장을 촉진시키고 성장이 느린 군(群)에게도 먹이를 먹을 기회를 충분히 준다.

셋째, 성장 차이에서 일어나는 공식을 예방하기 위함이다.

실뱀장어를 원지(元池)에 방양한 후 수온과 사료에 순치(馴致)시킨 후 25℃에서의 사육을 계속하면, 대개 65~70일에 체중 6g 정도, 90~100일에 10g 전후의 크기에 도달한다.

양성지(養成池)에 분양하기 위한 선별은 이때의 크기에 실시한다. 양성지는 6g크기의 군과 10g크기의 군을 따로 수용할 수 있도록 준비한다. 분양을 시작할 때는 전날에 급이를 중지하고 원지(元池)의 수온을 13℃ 전후로 내린다.

활발한 온도에서의 선별작업은 고기를 모을 때에 어체에 상처를 내기 쉽고 수위가 낮기 때문에 어체를 약화시키거나 병에 걸리거나 폐사의 우려가 있다.

분양 시의 적정 방양량은 5~11kg/㎡인데, DO 5.0~6.0ppm에서의 안전 방양량은 5.0kg/㎡, 최고 한계 방양량은 11.0kg/㎡이라고 생각된다.

뱀장어 체중이 6g 정도가 되면 기름을 5% 첨가하며, 순환여과 사육지에서의 수질 저하나 고온 사육에서 필연적으로 나타나는 미량성분(微量成分)의 부족을 보충하기 위하여 비타민B6 0.6~0.7%, 비타민E 0.3~0.4%, 간장강화약 0.6~0.9%를 첨가하면 매우 효과적이다.

(2) 2차 선별

원지로부터 양성지에 옮긴 후 40~50일 사육하면 20~30g의 크기가 되는데 이때부터 급격한 성장기에 들어간다. 가능하면 이 기간 중에 선별을 실시한다.

양성 후 75~100일이 지나면 평균 체중 50g 정도 자라지만 개체차(個體差)가 생겨 같은 사육지 내에서도 먹이의 차가 심하게 생기므로 대소 두 개의 군으로 선별하여 같은 체중의 것으로 나누어 사육하는 것이 효과적이다. 인력면이나 사육관리 면에서 뱀장어의 상태, 판매시기 등을 감안하여 가능하면 자주 선별하여 같은 크기끼리 사육하지 않으면 안된다.

수온 25℃에 있어서의 성장 곡선과 성장변이의 예상폭 및 선별 분양의 시기를 [그림 3-3]과 [그림 3-4]에 나타내었다.

선별에 있어서는 이미 말한 것처럼 하루 전에 급이를 중지하고 차가운 물즉 지하수를 사육지에 주수하여 선별 당일까지 천천히 수온을 낮추고, 사육 중인 뱀장어를 안정시킨다. 그물로 취양하면서 대소 2개군으로 나누고 그 중특히 큰 것이나 병든 뱀장어들을 선별해 낸다. 양어지에 남은 뱀장어는 배수와 동시에 못 밖의 모임지에서 잡는다. 선별 이후 뱀장어의 상태에 따라 필요한 경우 항생제 등으로 소독한다.

6. 양성(養成)

양성지는 '크로칼키' 10ppm으로 24시간 소독한 후 잔여 독성이 없도록 잘씻어내고 맑은 물을 채운 후 통기를 계속한다.

가온양식에 있어 뱀장어 체중 10g 전후로부터 체중의 증가는 매우 빠르므로 이때에 양성지로 분양하는 것이 일반적이나 원지의 사정에 따라 5g 또는 그 이하에서 옮기는 경우도 있다.

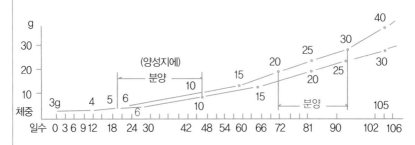

[그림 3-3] W · T 25℃에서 뱀장어 성장 곡선과 분양기 및 성장 차이의 예상폭

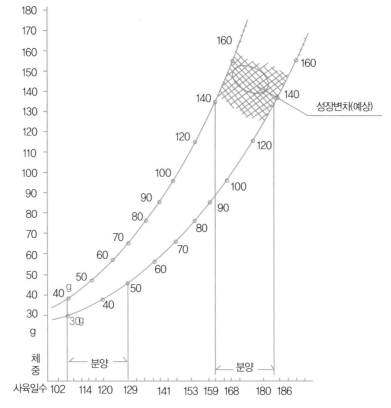

[그림 3-4] W · T 25℃에서 뱀장어 성장 곡선과 분양기 및 체중의 성장 변차의 예상폭

뱀장어의 사육에 있어서 요즈음은 가온시설에 의거 사육수온을 25℃로 상승시키면서 급이를 시작한다.

배합사료는 1일 급이량을 2%로 기준하여 점차 증가한다. 1일 급이량이 안정되면 기름을 첨가([표 3-3] 참고)하고 급이횟수는 1일 1회로 급이해도 된다.

[표 3-3] 기름의 첨가비율(%)

수 온	새끼장어용	성만용
18℃ 이하	3	5
18~23℃	5	10
23℃ 이상	5~10	10

배합사료로써 먹이 만드는 방법은 다음 표와 같다.

[표 3-4] 배합사료로 먹이 만드는 방법

종 류	뱀장어 크기(g)	배합 사료(g)	물(g)	투이율	수 의
새끼뱀장어	0.2~15	100	150~180	방양량의 3~4%	실뱀장어에는 특히 반죽(무른 반죽)으로 한다.
큰뱀장어	15~성만	100	130~150	방양량의 2~2.5%	단단한 반죽상태

뱀장어가 한번에 먹이를 먹는 최대량은 체중 40~170g이면 생이(生餌)는 고기체중의 13.3~14.5% 건조(乾燥) 사료로 환산하면 약 3.3~3.6%이다.

또 다른 시험결과에서는 1일에 최고 먹는 양은 생사료로써 방양량의 11.2%(건조사료 환산 2.8%) 평균 7.57%(1.89%)라고 한다.

먹은 생사료는 소화관 내에서 9시간 이내에 배설된다고 하며 절대로 과식을 시켜서는 안된다. 따라서 적어도 월 1회는 못에 기르고 있는 뱀장어의 전체 중량을 추정 조사함으로써 효과적인 먹이 관리가 된다.

　뱀장어의 성장은 먹이를 먹는 양에 따라 결정되고 먹이를 먹는 양은 사육수의 수질에 따라 좌우된다. 많은 급이는 사료가 남게 되므로 이는 수질악화의 원인이 되어 사료를 잘 먹지 않는 등 성장에 나쁜 영향을 가져온다.

　여기서 용수 중의 용존산소량별 어체중별 안전 방양량과 한계 방양량을 보면 다음 [표 3-5]와 같다.

[표 3-5] 용존산소량별, 뱀장어체중별, 안전방양량, 한계방양량 (kg/톤의 유수량)

용수의 DO 체중(g)	4		5		5.5		6	
	안전	한계	안전	한계	안전	한계	안전	한계
20	6.3	12.6	7.9	15.8	8.7	17.4	9.5	19.0
50	8.3	16.6	10.4	20.8	11.4	22.8	12.4	24.8
100	10.2	20.3	12.7	25.4	14.0	28.0	15.3	30.6
150	11.5	22.9	14.3	28.6	15.8	31.6	17.2	34.4
200	12.4	24.7	15.5	31.0	17.0	34.0	18.5	37.0

　뱀장어의 사료는 먹는 상황을 관찰할 때는 다음과 같은 점을 유의해야 한다.

① 한번 먹은 사료를 토하지 않는가.

② 뱀장어 똥의 상태는 건강도와 수질의 징후를 나타낸다.

• **흑다색** (黑茶色): 건강

• **한천상** (수면에 뜬다): 과식

③ 용존산소 부족 : 유지 첨가 중지, 급이량 감소 또는 중지, 수질 개선, 사육용수는 25℃에 고정시키고 수온을 계속 유지 가능하도록 노력해야 한다.

사육 중인 뱀장어의 분비물, 배설물, 사료 찌꺼기 등의 분해에서 발생하는 암모니아질소 등을 산화시키지 않으면 안된다.

여과조는 사육용수가 사육지(조)에 재순환되기 이전에 유기물이나 암모니아 농도를 일정 수준의 낮은 수준으로 억제시키기 위하여 여과조가 필요한 것이다.

따라서 여과조의 구조나 여과재의 재질, 여과용량의 대소 등에 따라 차이는 있으나, 사육 중에 일어나는 정화능력의 변동에 대비하여 주로 새로운 물의 보급에 의하여 사육 순환수의 악화를 방지하게 된다.

가온수의 열손실을 감안하여 최소한 1일 전 용수를 1회 바꿀 수 있는 양의 새로운 물의 보급이 필요하고, 주입되는 용수도 높은 용존산소를 필요로 함은 말할 것도 없다.

7. 기타 위생관리와 정기점검

양어장 내의 출입자들에 대한 장화착용 및 소독액에 의한 위생관리에 대해서는 철저한 관리가 이루어지지 않고 있으나, 방역상의 문제를 염두에 둔다면 앞으로 꼭 실현되어야 할 과제 중의 하나이다.

(1) 양어장 입구의 소독조

깊이 15~20cm의 콘크리트 수조를 출입구에 설치하고 입장하는 사람은 누구나 준비된 장화를 착용하고 물에 씻은 후에 소독조 내를 밟고 들어가게 한다.

소독조와 1~3% 석회수조의 2단식으로 하면 더욱 좋다.

(2) 사육장 내의 통로정비

여러 양어장을 살펴보면 사육지의 정비 관리는 비교적 잘 되어 있으나, 통로에 물이 고여 있다든지 각종 오물이 그대로 방치되어 있는 경우가 의외로 많다.

이들이 사육지에 흘러들어간다는 것은 위생상 좋지 않으므로 물은 장외로 나가도록 충분한 경사를 둔 콘크리트나 모래를 까는 것이 좋다.

(3) 사육 중의 정기점검

순환여과식 양만에서는 조이(調餌), 급이 이외에 미리 계획을 세워 실시하지 않으면 안되는 중요한 일들이 있다.

사육지와 여과조의 청소, 약욕 및 체중 측정, 용존산소(DO), 수소이온 농도(pH), 수온의 확인 조정, 야간의 사육지 돌아보기, 주배수를 위한 수위확인, 예비 폭기장치 및 발전장치의 시운전 등 정기적인 점검과 대비가 필요하다.

제3절 뱀장어 양식의 4가지 포인트

(1) 종묘의 질과 양

뱀장어의 가격은 종묘의 질에 따라 다르고 종묘의 수량은 양식업의 경영규모와 생산량을 결정하게 된다. 이와 같이 종묘는 양식성공의 중대한 요인이므로 종묘의 양과 질을 확보하도록 양식업자는 최선의 노력을 기울여야 한다. 양만업에서 종묘에서 취급되는 것은 양중이나 양비리 그리고 하천, 호수에서 잡힌 천연종자이다. 양중이나 양비리는 양중의 반액으로 거래된다.

(2) 사료비와 생산비

사료는 양식경영의 성공여부를 좌우하는 지극히 중요한 것으로써 사료비는 총생산비의 50~60%를 차지한다. 따라서 먹이의 가격이나 품질에 항상 주의하고 가격이 비싼 배합사료를 사용하는 못에서는 조리부터 먹이주기가 끝날 때까지 관리를 잘 해야 한다. 사료에는 생사료와 배합사료가 있으며 초보자는 주변에서 쉽게 구할 수 있는 사료를 사용할 일이다.

(3) 못의 관리와 생산량

뱀장어 양식에서 좋은 성적을 올리는 첫째의 조건은 항상 좋은 물에서 뱀장어를 사육해야 한다는 것이다. 이 관리를 잘 하느냐에 따라 생산량이 좌우된다.

(4) 어병(魚病)의 방지

양식뱀장어는 천연상태와 달라 부자연스러운 환경아래서 질병이나 기생충의 발생이 많다. 또한 전염율이 대단히 크다.

병이 가벼운 증세일 때에 발견되면 투약이나 약욕으로써 피해를 최소한으로 막도록 처리한다. 또한 병에 걸린 뱀장어나 죽은 뱀장어는 빨리 건져내어 파묻거나 태워버려야 한다. 하천이나 제방에다 버리면 병균을 퍼뜨리는 결과가 되기 쉬우므로 주의를 해야 한다.

제4절 양식과 경영

(1) 두 가지의 형

하나는 하천에서 잡은 실뱀장어를 구입하여 그것을 한 마리당 평균체중 20g전후까지 생육시키는 방법이다. 이것을 소위 종묘양식이라고 부른다.

또 하나는 종묘양식업자로부터 종묘를 구입하여 한 마리당 평균체중 100~150g 정도까지 양식하는 방법이다. 이 크기의 뱀장어를 성품(成品)이라고 하며 성품을 만드는 업자를 후도 양식업자라 부른다. 전자의 '종묘 양식업자' 는 실뱀장어 양식업체가 적으므로 적은 못이 여러 개 있어야 한다.

'후도 양식업자' 는 큰 양식지가 필요하며 사료비도 많이 필요하게 되어 자본도 많아야 한다. 뱀장어의 유통과정을 보면 다음과 같다.

154 | 155

하천에서 잡기 →(실뱀장어) →종묘양식장 →(20g의 종묘)양태양식업 →(성품) →소비자

(2) 경영의 예

일반적으로 뱀장어의 판매가격이 사료비의 3배가 되면 흑자운영이 된다. 보통 사료는 못에 있는 뱀장어의 총량에 비해 일반적으로 10%를 줄인다.

앞의 보기에서는 뱀장어에게 준 먹이의 약 16%가 증육으로 전환된 것이며 생사료를 투입했을 경우의 사료효율은 14~20% 정도가 되며 한편 수질의 양부에 따라서도 사료효율은 달라져 경영에 크게 영향을 준다. 특히 배합사료와 같은 분말의 먹이는 손실되기 쉬우므로 먹이를 줄 때 충분히 주의하지 않으면 안된다.

{제4장
양식 방법

제1절 지수식 양식 방법

현재 행하여지고 있는 뱀장어 양식의 방법은 주로 지수식 양식법이다. 지수식 양식법은 뱀장어에 적합한 수온인 25℃ 전후를 장기간 유지할 수 있는 장점을 가지고 있다.

1. 양식 시설

(1) 못의 구조

양식지는 보통 못 벽, 급이장, 휴식장, 주배수구 등이 구비되어야 한다. 그 외에도 급이장 부근과 휴식장 안에서는 수차(水車)가 필요하다.

휴식장이란 못의 한쪽 구석에 만들어지며 여기만은 특히 산소량을 많게 하여 야간에 뱀장어를 모이게 한 후 휴식시키는 곳이다.

① 못바닥은 경사를 이룬다.

못의 깊이에 대해서도 일정치 않으나, 대개 배수구 쪽에 1~1.5m, 주수구 쪽이 50~80cm 정도가 좋다. 이와 같이 경사를 두면 못을 정리할 때에 물이 잘 빠지고 뱀장어가 배수구 부근에 모이기 쉬워서 취양이 편리하다.

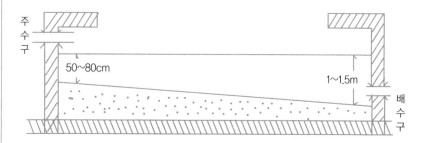

50~80cm

1~1.5m

배수구

[그림 4-1] 못바닥 단면도

그러나 그 토지의 조건에 따라 경사의 각도도 상이하다.

② 못 벽은 콘크리트로 하고 수면에서 50cm 정도 높이면 된다.

못 벽을 만드는 재료는 돌, 판자 및 콘크리트 등이 있다. 재료의 선택은 그 지방에서 가장 값이 싼 것을 사용하면 된다. 돌을 쓰는 경우는 둥근 돌을 쌓은 다음 시멘트로써 굳혀야 한다. 판자의 경우는 썩기 쉽다는 결점도 있으나 지방에 따라서는 값싸게 입수할 수도 있다는 장점도 있다.

(2) 급이장

① 통풍이 잘 되고 그늘진 곳이 좋다.

급이장은 못의 주변이 편리하고 통풍이 잘 되는 곳에 설치하여야 한다. 바람에 의하여 물결이 일고 산소가 충분히 녹아들기 때문이다. 따라서 계절풍에 대하여 급이장이 정반대쪽에 위치하도록 만들면 좋다. 못의 구조에 따라 바람을 이용할 수 없는 경우에는 급이장 부근에 수차를 설치하고 급이장을 향하여 수류(水流)를 일으키면서, 급이하는 것도 한 가지 방법이다.

또한 뱀장어 습성상 급이장이 밝은 곳보다는 그늘진 어두운 곳이 뱀장어가 안정하게 섭이할 수 있다.

② 수차(水車) 설치

급이 시에는 못에 있는 뱀장어가 전부 급이장으로 모여든다. 그 때문에 급이장 주위에는 산소가 매우 적어지므로 수차를 반드시 설치하여 급이 시에는 산소가 많은 새로운 물을 급이장에 보내줌으로써 먹이 효율을 높일 수 있다.

③ 급이장의 크기

사육지가 1,500~1,600㎡인 못을 예로 들면 길이 5.7m, 폭 1.8m, 높이 1.4m로 주위를 양철판이나 슬레이트로 막고 먹이대를 설치하고 햇볕을 막아서 어둡게 한다. 급이장은 사람이 자유롭게 활동할 수 있게 한다.

(3) 조리실

급이장은 조리실과 뱀장어 사료를 먹는 장소로 나뉜다. 조리실에는 그늘진 창문을 만들고 조제한 사료를 넣어두는 곳을 만들어 둔다. 배합사료는 믹서로 반죽을 하여 급이용의 철망에 넣어준다. 이 급이용의 철망은 수면에 닿을까말까할 정도로 철사로 매어단다.

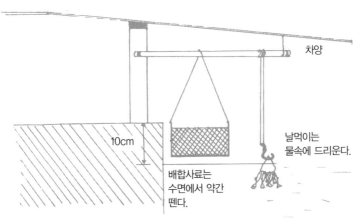

차양

10cm

날먹이는
물속에 드리운다.

배합사료는
수면에서 약간
뗀다.

[그림 4-2] 차양과 먹이주기

그러면 뱀장어는 이 철망에 기어 올라가서 사료를 먹는다. 또한 생사료의 경우는 철사에다 눈을 낀 고기를 조리실 안의 끓는 물속에 넣어 피부를 연하게 한 다음 철사를 그대로 갈고리에 매어 달아준다. 생사료의 경우는 사료가 전부 물에 잠기도록 해 준다.

조리실 안에는 생사료를 끓이는 솥과 배합사료용의 믹서를 준비해 둔다.

또 사료를 조리하기 위하여 가급적 깨끗하게 해야 하며 바닥은 콘크리트로 하는 것이 좋다. 한편 관리자가 휴식 또는 수면을 취할 수 있는 장소도 필요하다.

(4) 휴식장 설치

휴식장을 설치함은 야간의 산소 부족현상을 막기 위함이다. 야간에 뱀장어는 물론 식물성 부유생물도 호흡작용을 함에 따라 산소를 소비한다. 따라서 주간보다는 야간에 있어서 부유생물에 소비되는 양만큼 산소 소비량이 많아진다. 그 때문에 밤이 되면 뱀장어가 코올리기 하는 경우가 많다. 그러나 야간에는 관리자의 눈이 미치지 못하므로 코올리기에 대한 대책이 늦어지는 수가 있다.

또한 코올리기에 대해 알았다해도 넓은 못이기 때문에 산소 부족을 해소하기에는 시간이 걸린다. 따라서 부유생물(플랑크톤)의 유실도 막고 산소부족을 방지하기도 할 휴식장이 필요하다.

그 외에 휴식장의 이점(利點)을 들면 다음과 같다.

① 코올리기의 피해가 적다.
② 코올리기 방지의 노력이 적게 든다.
③ 관리자가 안심하고 쉴 수 있다.
④ 방사량과 생산량을 확대할 수 있다.
⑤ 지수 중의 식물성 부유생물을 유실시키지 않는다.
⑥ 주수구 쪽의 한구석에 만든다.

이와 같이 주수구의 목적을 실현하기 위하여는 휴식장은 주수구 부근을 중심으로 사육지의 크기에 따라 20~135㎡의 크기로 지형에 알맞게 칸막이를 설치한다. 그리고 이 장소만은 항상 새로운 물을 흘리거나 수차를 돌려서 산소를 많이 함유시켜 주지 않으면 안된다.

그리고 주수구에서 들어온 새로운 물은 휴식장만을 만수시킨 후 그대로 배출되는 것이다. 따라서 주입된 물은 넓은 양어지에 들어가지 않고 유출되므로 식물성 부유생물을 유실시키는 일은 없다.

또한 휴식장에는 못과 휴식장을 연결하는 뱀장어의 출입구를 만들어 둔다. 뱀장어는 못에 산소가 적어지는 밤 12시부터 아침 5시경, 특히 새벽에 산소가 많은 휴식장으로 모이게 된다.

날이 밝아지기 시작하면 점차 못의 산소량이 증가된다. 뱀장어는 자연히 넓은 못으로 되돌아간다. 대부분의 뱀장어가 못에 되돌아가면 휴식장의 수차나 주수용 펌프도 정지시킨다. 이와 같이 해서 아침 7~9시가 되면 제1회로 먹이를 주게 되는데 그때에는 이미 전체의 뱀장어가 급이장 쪽으로 돌아간 후이다.

(5) 주수구 및 배수구

주수구는 특별히 이렇다 할 주의는 없으나 다만 수면보다 높은 곳에서 물을 낙하시키도록 만든다. 이렇게 하면 공기 중의 산소를 훨씬 많이 용해시킬 수 있기 때문이다.

배수문은 못 정리 시에 완전히 배수가 되도록 할 수 있는 구조라야 한다. 완전히 배수가 안 되면 뱀장어를 완전히 잡아내는 데 많은 노력과 시간이 걸린다.

이에 대한 대책으로써 못 바닥에 경사를 두고 또한 주수문과 배수문을 대각으로 설치하는 것이다. 또한 배수구는 못 바닥의 물을 완전 배수할 수 있도록 못 바닥보다 낮게 시설하여야 한다.

배수문은 나사 올림식이 편리하다. 뱀장어가 도망치지 못하도록 이중문

을 만들고 앞문은 철망(Screen), 뒷문은 판자(Dam board)를 댄다. 배수구
는 못정리 시의 취양장이 되므로 배수로의 고랑폭을 넓게 해 두면 취양에
편리하다.

　못정리 시는 토관구에다 망태를 붙이고 못에서 내려가는 뱀장어를 그 속에
들어가게 하여 잡는다. 망태는 태구의 직경이 9㎝, 길이 90㎝ 되는 것을 배수
로에 맞도록 적당히 만들면 된다.

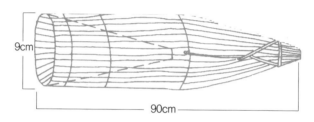

[그림 4-3] 뱀장어를 포획하기 위한 망태

(6) 못의 크기와 모양

　못의 크기는 수량이 많고 적음에 따라서 못의 크기가 결정되고 경영방침도
정해진다. 원칙적으로 용수가 풍부한 곳이라면 경영 규모도 크고 못의 수도
많아진다. 반면 용수(用水)가 부족되는 곳에서는 면적도 적고 못의 수도 적어
진다. 그러나 산소공급장치에 의해 어느 정도 보충할 수 있다.

　못의 크기는 원지는 100~300㎡ 정도가 보통이고, 분양지는 1,000~1,500
㎡ 정도가 이상적이나 3,000~5,000㎡의 경우도 있다. 분양지는 일반적으로
원지면적의 약 20배 정도를 필요로 하고 3~4개로 병설하여 관리하는 것이
좋다.

　못의 모양은 그 지형에 따라서 설계하지 않으면 안된다. 기본형으로서는 장
방형이 좋다. 특히 지변의 1대 2의 경우가 가장 좋다. 따라서 조건이 허용하는
한 이에 준한 형으로 못을 만드는 것이 좋겠다.

(7) 못에 적합한 장소

못을 만드는 데에 적합한 장소는 첫째로 물이 풍부한 곳이다. 그리고 통풍이 좋고 일광이 잘 쪼이는 곳이라야 한다. 반면에 피해야 할 곳은 pH5 이하의 산성토양지대와 누수지대이다. 이와 같은 장소에 만든 못은 수질유지가 어렵고 따라서 생산은 오르지 않고 노력에 비해 수확이 적다.

더욱 이상적인 곳은 교통이 편리하고 사료의 구입이나 종자의 입수가 편리한 곳이어야 한다. 또 토양으로써는 보수력이 있는 사니질이 좋다. 못정리 시에는 편리하도록 경사진 토지로써 땅값이 싼 곳을 택해야 한다.

2. 사육 환경 관리

어떠한 생물이라도 자기의 생활 환경이 좋지 못하면 증산과 증식을 기대할 수 없다. 지수식 집약 양식에 있어서 가장 중요하고 가장 어려운 것이 수질관리이다. 즉 어떻게 하면 좋은 물을 장기간 유지하면서 좋은 고기를 기를 수 있는지 살펴보기로 하자.

(1) pH

뱀장어 사육지의 pH의 변동은 지수(池水) 내의 플랑크톤의 동화작용이나 호흡작용 또는 화학적 변화에 의하여 달라진다. 먹을 때 pH를 측정하면 8.0~9.5이나 밤이 되면 7.5~8.0이 될 때가 있다. 먹이를 잘 먹지 않을 때는 주간이라도 pH7.0 이하로 떨어진다.

(2) 용존산소

공기 중에는 1ℓ 중에 210cc 정도로 많은 산소가 함유되어 있으나, 수중에서는 1ℓ 중 5~6cc 용존되어 있는 것이 보통이며, 수중에 산소가 녹아 들어가는 양은 수온에 따라 다르다.

수중에 산소가 공급되는 경우는 공기 중에서 용존되는 경우와 식물성 부유생물의 광합성(炭素同化作用)에 의하여 공급되는 경우가 있다. 이와 같이 산소가 자연적으로 공급되기는 하지만 지수 중에 많은 뱀장어를 수용하게 되면 고기의 호흡으로 인하여 수중 산소의 결핍을 가져 오게 한다.

뱀장어는 수중 산소가 부족하게 되면 산소가 많이 녹아들어갈 수 있는 물 표면으로 떠올라서 입을 수면으로 내놓고 호흡을 하는데 이것을 입올림이라고 한다. 이때 응급책으로써 수차나 에어부로아를 돌려서 물을 움직여 주든지 신선한 물을 넣어 주어서 산소를 공급하면 된다.

뱀장어 생명에 지장이 없는 최소한의 산소량은 2.0~2.5cc/ℓ 이다. 용존산소는 물과 접촉하는 공기 및 식물성 플랑크톤의 동화작용에 의해서 끊임없이 보급된다. 용존산소가 소비되는 것은 어류, 동물성 부유생물, 토양 및 수중의 호기성세균 등의 호흡작용 및 화학성분과 결합된다.

사육지 내에 식물성 플랑크톤이 현저하게 발생하고 있는 경우에는 그 표층은 동화작용 때문에 산소가 항상 과포화(過胞和) 상태이지만 수온이 상승하는 여름철에는 유기물의 분해가 빨라서 저층의 용존산소의 감소는 현저하고 표층과 저층과의 차가 생긴다.

산소량의 일중 변화는 주로 식물성 플랑크톤의 동화작용에 지배되고 따라서 산소량의 최고 함유량의 출현 시각은 식물성 플랑크톤의 동화작용에 의한 방출 산소의 축적이 최고로 되는 시기로 오후 2~5시경이고 최저량을 나타내는 시각은 일출 직전 또는 직후이다.

(3) 탄산가스

수중의 탄산가스는 사료의 찌꺼기, 뱀장어 배설물, 부유생물의 사체에 의한 유기물의 분해, 동식물의 호흡작용 등에 의하여 발생한다. 주로 낮에는 증가하고 밤에는 감소하는데 수중 산소의 용존량과는 반대 현상을 나타낸다.

탄소동화작용이 행하여지는 낮에는 아주 적어지며, 밤이 되어 식물이 호흡작용을 하게 되면 다시 탄산가스를 수중에 용해하게 된다.

탄소 결핍의 결과 일어나는 입올림도 이 탄산가스의 양에 의해 정도가 다르고 탄산가스의 증가는 입올림을 한층 심하게 한다.

입올림 시 대책으로는 버티칼펌프, 수차 등으로 산소 공급과 병행해서 석회 살포를 하여 pH를 일시적으로 높이고 탄산가스를 다른 현상으로 전환시켜 제거하는 것도 하나의 방지책이다.

(4) 질소화합물

질소는 질소가스로서 수중에 포함되는 것 외 NH^+_4, NO^-, NH_4OH 또는 단백질 질소로서 포함된다.

뱀장어 사육지 수중에 함유하는 질소화합물은 유기태와 무기태가 있다. 이것은 먹이의 찌꺼기, 플랑크톤, 뱀장어의 배설물 등에 의하여 생산되며 암모니아태, 아질산태, 질산태는 무기태 질소이고 이외의 대부분은 유기태 질소이다.

이것은 지중에서 호기성(好氣性) 박테리아의 작용을 받아서 유기태질소(사료찌꺼기)→무기태 질소(암모니아태, 아질산태, 질산태)의 방향으로 계속적으로 분해된다.

(5) 지질

지수식 양만에 있어서 수질과 저질과는 서로 밀접한 관계를 가지고 있다. 이것은 영양염이 되는 유기, 무기물질의 영양 순환이 서로 일어나기 때문이다. 못 바닥 흙 속의 유기물은 박테리아에 의하여 분해되어 못물의 영양원으로서 용출된다.

이 분해작용이 순조롭게 진행되지 않으면 하층수가 침체되어 상하의 순환이 안되고 물이 변화하게 되어 먹이도 잘 먹지 않게 된다. 못 바닥의 저질층에 많은 유기물이 존재하는 못에서는 오히려 생산량이 감소한다.

⑹ 수질변화와 그 대책

수질변화란 못바닥의 흙(泥質)과 못물과의 균형이 맞지 않을 때 일어나는 현상으로써 못물의 색이 진한 녹색에서 단기간에 암갈색, 유백색 또는 투명한 색으로 변하는 현상이다. 따라서 뱀장어는 먹이를 잘 먹지 않으며, 입올림을 하기 시작한다든가 때로는 대량 폐사 현상이 일어날 때도 있다. 이때 응급대책으로써는 못물을 대량 환수하는 방법밖에 없다.

이 수질변화가 잘 일어나는 시기는 5~6월의 강우기와 9~10월의 추기(秋期)로 계절 변동기에 가장 많이 일어나며 피해도 크다. 이 수질변화가 일어나는 원인은 여러 가지가 있으나 주 원인은 앞에서 설명한 바와 같이 ① 못 저질에서 유기물이 순조롭게 분해하지 않을 때, ② 동물성 부유생물 특히 윤충(輪蟲)이 대량 발생할 때, ③ 탄산의 결핍 등에 의하여 일어난다.

이러한 수질변화를 사전에 예측하여 대책을 강구하려면 못 바닥의 흙과 수질을 수시로 측정 분석하지 않으면 안된다. 이러한 수질조사 기구는 반드시 준비하여 둘 필요가 있다. 즉, 암모니아가 3ppm 이상 검출된다든가 pH가 9.5 이상이거나 7.0 이하의 산성을 나타낼 때 현미경 하에서 동물성 부유생물 특히 윤충류가 많을 때는 수질변화의 징조이다.

이럴 때의 대책으로는 에어부로어나 수차를 돌려서 못물의 상하층을 교류하든가 폭기(暴氣)하면 된다. 동물성 부유생물이 많이 발생하였을 때는 '디프테렉스'를 살포하여 구제한다. 저질 악변일 때는 석회, 탄산칼슘, 산화철제 등을 살포하여 저질을 개선한다.

제2절 순환여과식 양식 방법

같은 물을 순환시킴으로써 소량의 물과 적은 면적으로 대량의 뱀장어를 사육하는 방법이다. 앞으로 좀 더 개발되어 널리 보급된다면 현재와 같은 광대한 양식지는 필요 없게 되고 양식 방법도 달라질 것으로 기대된다.

1. 사육시설

(1) 사육지의 규모와 면적

규모는 연간 생산량을 15톤으로 하고 이것을 최소 경영 단위로 본다면 여기에 필요한 사육지의 면적은 실뱀장어에서 식용 뱀장어까지의 일반적인 양성(養成)에 660~1,000㎡(200~300평)을 필요로 하게 된다. 사육지의 개수(個數)와 면적(面積)에 있어서 면적은 될 수 있는 대로 소형화하고 개수를 많이 할 필요가 있다.

연간 생산량을 15톤, 소요인원 3~4인을 한 단위로 본다면 실뱀장어 20~30kg을 한번에 방양할 수 있는 원지의 면적은 30~50㎡ 정도면 되겠지만 실뱀장어 수급과정은 예측을 불허하기 때문에 2회로 나누어 방양한다는 것을 고려할 때 2개의 원지(元池)에서의 분양은 사료에 버릇들이는데 15~20일, 2번 못(池)에서의 양성기간을 30일간으로 보면 2번 못(池)은 100㎡ 정도가 필요하게 된다.

2번 못(池) 이후의 단계에서는 성장의 차이가 생기기 쉽고 또 이때 쯤이면 선별하기도 쉬우며 1개월에 1회 정도 선별하여 분양하는 것이 바람직하다.

필요한 사육지 면적은 200㎡ 정도인데 각종 기계의 동원이 가능하고 노동력이 있을 때는 수면적의 상한을 500㎡ 정도 또는 그 이하로 하는 것이 좋다.

사육지 면적을 이와 같이 정했을 때는 못 개수를 원지를 포함 약 15개, 종묘

양성만으로는 7~8개 있으면 될 것이다. 즉 원지를 Am²라고 한다면 2번지는 3~4Am², 3번지는 8Am²의 배치가 기본적이라고 할 수 있다.

일본의 高知大學 楠田 博士에 의하면 총 면적 1,000m²인 경우 못의 배분(配分)에는 원지 50m², 2번 못(池) 89m², 3번 못(池) 132m², 4번 못(池) 314m², 5번 못(池)은 396m² 정도가 좋을 것이라고 기술하고 있다.

한편 자가 생산용의 종묘양성만을 목표로 할 때에나 기존 양만장인 경우는 양어지 전면적 10,000m²(3,000평)에 대하여 종묘 양성지는 200m²(60평)정도면 필요량을 생산할 수 있다.

(2) 구조와 형태

뱀장어는 여러 양식 대상 어종 중에서 성장의 차이가 가장 많이 나기 쉬운 어종이다. 크기의 차이가 많은 것을 그대로 사육하는 것은 더욱 많은 성장의 차이를 가져오고 결과적으로는 성장률이나 생잔율을 저하시킨다.

많은 시설비, 연료비 및 동력비를 필요로 하는 순환여과식 양식에서는 한층 고밀도의 사육이 요구되며, 이 경우 배설물이나 흩어진 사료가 주체를 이루는 찌꺼기의 제거가 가장 중요한 문제가 된다.

순환여과식 양만에서 발생하기 쉬운 장만병(腸滿病, 소위 파라꼬로 病:이 병은 수온 25℃ 이상에서 사육지 물이 나쁠 때 잘 발생한다.)의 원인이 되는 Edwardsiella tarda균은 이러한 찌꺼기가 좋은 서식처로 알려져 있다. 그외 여러 종류의 병원균(病原菌)도 찌꺼기 중에서의 생존 가능성이 매우 높다.

양식지에서의 용존산소의 소비라는 측면에서 보더라도 [표 4-1]과 같이 찌꺼기를 제거하지 않은 노지못(露地池)에서의 산소의 수지는 못에서 소비되는 산소의 약 40%가 찌꺼기에 의한 것으로써, 뱀장어에 의한 소비는 찌꺼기에 의한 소비에 약 3분의 1에 불과함을 알 수 있다.

순환여과식 양만에서의 요건을 요약해 보면 다음과 같다.

㉠ 뱀장어의 취양과 운반이 쉽고,

[표 4-1] 양만지에서의 산소의 수지(收支)

구　　분	생　산	소　비
식물성 부유생물	49%	37%
유　입　(출)	1%	1%
뱀　장　어		14%
찌　꺼　기		39%
대　　기	51%	9%
	100%	100%

ⓛ 선별과 분양이 충분하도록 사육지의 개수에 여유가 있어야 할 것이며,

ⓒ 찌꺼기를 간편하고 효율적으로 제거할 수 있어야 하며,

ⓔ 방열량(放熱量)이 적어야 한다.

수질이나 수온의 평균화라든지 뱀장어의 배설물 등을 한 곳에 침전시키기 위해서는 사육지 물을 못 벽(池壁)을 따라 순환시킬 수 있는 수류가 필요하고 이를 위한 못의 형태는 원형 또는 원형에 가까운 형태가 가장 이상적이다.

① 못의 깊이

실뱀장어나 종묘를 주로 양성하는 못은 보통 수심 40~70cm로 유지하고 못 벽은 수면 위로 20~30cm 노출되면 된다. 원지-2번 못(池)-3번 못(池)의 순으로 차차 깊게 설계하며 야외 사육지보다는 다소 얕게 하는 것이 사용하는 데 편리하다. 그러나 성만지는 얕은 곳이 수심 70~80cm 되도록 한다.

사육지 벽은 콘크리트나 시멘트블록 벽이 가장 많은데, 콘크리트 벽은 내용 연수(耐用年數)가 길고 견고하나 시설비가 많이 들고 완성 후에는 개조하기 곤란하므로 사육지를 만들기 전 설계할 때부터 신중한 검토가 필요하다.

시멘트블록 벽은 콘크리트에 비하여 20~30%의 시설비가 적게 들고 시공이 비교적 간편하고 다시 고치기 쉽지만 바닥의 기초 콘크리트를 견고히 해야 하며 내용연수가 짧고 벽의 균열이 생기기 쉽다.

뱀장어 양식

제4장 양식 어류

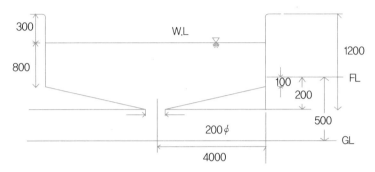

[그림 4-4] 원형못(사육탱크) 단면약도

② 못의 바닥

못의 바닥이 흙이나 모래로 되어 있으면, 밑바닥에 모인 유기물이나 암모니아 등의 분해에 의한 물질의 흡수 유지가 잘 된다고 알려져 있다.

실제로 야외 사육지가 유리하다고 하나 단위면적당 생산량 제고를 주안점으로 하는 온수지에서는 자체흡수능력 이상으로 생기는 찌꺼기의 강제배제(强制排除)와 취양작업(取揚作業)의 편리에 중점을 두기 때문에 콘크리트로 못 바닥을 하지 않을 수 없다.

특히 원료 양성 단계의 사육지에서는 더욱 그러하며 못 바닥의 경사는 100분의 1정도가 통례였으나, 최근에는 20분의 1 또는 그 이상의 급경사를 두는 것이 더욱 효과적임이 실증되고 있다.

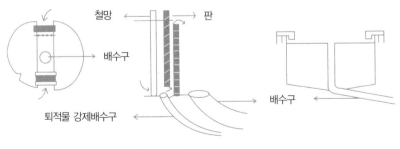

[그림 4-5] 중앙배수방식

③ 배수

배수는 사육지의 주수구와 대각으로 배수문을 설치하는 방식과 못 중앙에 설치한 중앙 배수방식이 있다.

전자는 야외 사육지에서 널리 이용되는 방식으로 일시에 다량의 배수가 되지만 찌꺼기는 배출되지 않는 결점이 있고 중앙 배수방식은 여러 방법이 있는데 어느 것이든지 찌꺼기 배출을 겸하고 있다.

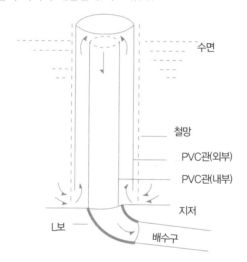

[그림 4-6] PVC관에 의한 중앙봉수방식(中央棒水方式)

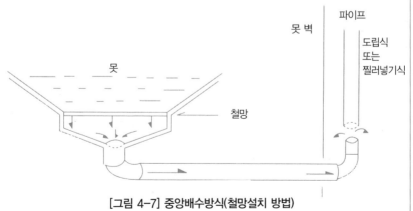

[그림 4-7] 중앙배수방식(철망설치 방법)

ㄱ 못 중앙에 측면방식과 같은 모양으로 철망을 세로로 설치한다. 이는 은어 사육지에 많이 쓰인다[그림 4-5].

ㄴ 못 중앙에 2중으로 된 파이프를 세운다[그림 4-6].

ㄷ 못 중앙부의 못 바닥에 도피방지용 철망을 설치하고 못 벽 외측에 도립식(倒立式) 파이프(Stand pipe)와 연결한다[그림 4-7]. 도립식을 찔러넣기식으로 할 수 있다.

ㄱ은 찌꺼기 배출에 다소 약하고, ㄷ은 철망이 막혀서 배수에 지장을 가져오는 일이 많으나 종묘 양성지에 적합하며 ㄴ의 배수방식이 찌꺼기 제거와 배수를 겸할 뿐만 아니라, 뱀장어의 취양구(取揚口)로도 이용할 수 있어 효과적이라고 할 수 있다. 못 바닥은 20분의 1 정도로 충분한 경사를 두는 것이 좋다.

④ 찌꺼기 배출

전항 ㄴ, ㄷ의 방법이 많이 보급되고 있는데, 못 바깥 쪽에 도립식(倒立式) 또는 찔러넣기식(소위 사시꼬미식)의 파이프를 통하여 힘있게 배수하면 그 힘에 사육지 중앙(배수구 부근)에 모인 찌꺼기는 배출된다.

하루 10회 이상 반복 배출을 요하며 수차의 방향을 조정하는 데 따라 찌꺼기가 모이는 장소를 배수구 위에 일치시킬 수 있다.

한편 1개의 사육지 면적이 200㎡ 이상 되면 찌꺼기가 모이는 면적도 10~20㎡ 정도 되어 망(網) 또는 파이프로부터 제거되는 율이 낮아지므로 [그림 4-8]과 같이 하는 것도 좋다.

직경 7.5~10cm, 길이 4cm 전후의 염화비닐관(A-吸泥管)을 가변(동)호스(C)로 연결하며 못 벽의 바깥에 있는 도립식 배출구(D)와 연결하고 흡니관(吸泥管)의 작은 구멍이 뚫린 부분은 아래로 향하고 끝에는 뚜껑을 씌운다.

작은 구멍이 뚫린 면적은 흡니관의 단면적과 같거나 약간 크게 하며 흡니관을 찌꺼기가 모여 있는 위치에 두고 바깥의 배니출구(排泥出口)를 높이면서 흡니관에 달린 끈을 좌우로 움직이면 움직이는 범위 10~15㎡의 찌꺼기는 2~3분내에 제거된다.

⑤ 급이장(給餌場)

뱀장어는 사료를 먹을 때에는 배합사료나 생선사료에 따라 차이가 있겠지만 지금까지의 조사로는 준사료의 10~40%, 평균 20% 정도로 추측하고 있다.

단위면적당(또는 수량당)의 사육량이 야외 사육지의 수 배 또는 수십 배가 되는 순환여과식 양만의 온수지에서는 면적당의 유기물이 부하량(더럽혀지는 양)이 또한 수 배가 되어 못 자체의 정화능력의 한도를 넘고 있다. 따라서 온수지에서는 정화능력을 초과하는 양 만큼의 찌꺼기 즉 배설물과 흩어진 사료의 제거가 필요하다. 이를 위하여 1차로 급이장과 사육지 내에서 대형 부니물(浮泥物)을 제거하게 된다.

특히 뱀장어가 사료를 먹을 때에 생기는 찌꺼기를 직접 제거하지 않고 여과지를 통과시키게 되면 여과지는 곧 막히고 부하량을 초과하여 여과능력을 잃

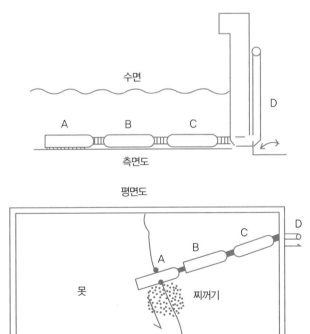

[그림 4-8)] 가동식(可動式) 찌꺼기의 제거

게 되므로 주 1회 이상의 청소를 요하게 된다. 그러므로 뱀장어가 사료를 먹을 때에 흩어지는 사료의 찌꺼기를 직접 배출시킬 수 있도록 고안된 방법이 [그림 4-9-1], [그림 4-9-2], [그림 4-9-3] 이다.

그림에 의하면 급이장(a)은 사육지 한 쪽을 시멘트 블록을 둘러 쌓고(b), 뱀장어의 출입구(c)는 폭을 15cm 정도 되게 하며 흩어진 사료가 사육지 내로 유입하는 것을 방지한다.

급이와 동시에 못 바깥의 도립식 파이프 또는 밸브(F)를 적당히 조절하면, 급이장 내의 혼탁한 물은 사육지 안으로 들어가지 않고 도수로(D)로 나와 도피 방지망(E)을 통하여 배수로(F)에서 방출된다.

급이장의 깊이는 통상의 수위에서는 20~40cm 정도로써 밑바닥은 못바닥보다 다소 높다. 철망(E)은 도수로의 끝에 설치하여 급이 중 망이 막혔을 때에는 뱀장어가 놀라지 않게 청소할 수 있도록 하며 성만지에서는 없어도 된다. 이 구조상의 중요한 점은 급이장의 트기와 급이 중의 배수량 결정이고 뱀장어 사육량에 비하여 급이장이 좁으면 성장이 고르지 못하다.

배수량이 적으면 산소부족을 가져와서 사료를 토하기도 하고 심하면 죽는 것도 생기므로 가능하면 뱀장어 출입구(c) 부분에 공기주입 배관으로 급이 시에 폭기시킴으로써 산소공급과 아울러 찌꺼기의 사육지 내 유입을 방지할 수 있는 이중의 효과가 있다.

급이장의 면적은 20~30kg을 방양하는 원지라면 80×120cm 배수량은 매분 30~40ℓ를 요한다. 사육량 1톤 미만의 못이라면 급이장은 약 2㎡, 배수량은 매분 100 정도이나 배수량은 사료의 종류나 상태에 따라 흩어지는 사료의 양이 틀리므로 사육지 내로 찌꺼기가 유입되지 않도록 잘 조절해야 한다.

그러나 성만 양성지와 같이 많은 양을 사육하고 있는 사육지에서는 보다 넓은 급이장과 많은 배수가 필요하게 되는데 연료비 면에서 다소의 문제가 있지만 중요한 것은 더렵혀진 급이장의 물이 사육지로 들어가지 못하도록 하는 것이 기본으로써 아직도 개선할 점이 많다.

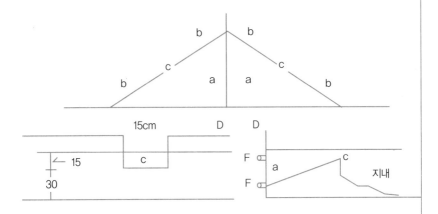

[그림 4-9-1] 급이장(A형)

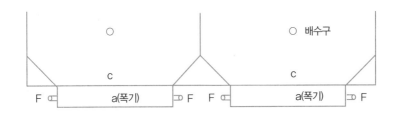

[그림 4-9-2] 급이장(B형)

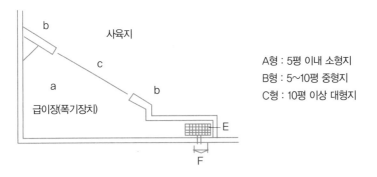

A형 : 5평 이내 소형지
B형 : 5~10평 중형지
C형 : 10평 이상 대형지

[그림 4-9-3] 급이장(C형)

(3) 여과조와 여과재료

순환여과식 양어란 무엇인가? 이를 정의하면 사육용수를 사육조(飼育槽)와 여과조(濾過槽) 사이에 순환시켜 사육지에서 더러워진 용수를 여상(濾床)에서 적극적으로 정화시켜 양어를 장기간에 걸쳐 용수를 교환하지 않고 고밀도로 사육시키는 방법이라고 할 수 있다.

이는 사육 용수가 충분하지 못한 지역이나 수온 하강기의 가온양식을 실시할 때, 더워진 물을 유출시키지 않고 계속해서 용수로 사용할 수 없을 때는 정화를 위한 여과는 불가피한 실정이다.

여과정화(濾過淨化)의 효과는 자연정화를 적극적으로 도와서 유기물의 무기화 그 결과 생기는 암모니아를 질산으로 변화시켜 무해화시키는 것에 있다.

자연정화(自然淨化)라고 하더라도 그 대부분은 호기성 세균에 의해서 진행되는 것으로써 여과조 즉 여상의 의의도 호기성 세균의 생식장소를 적극적으로 제공해주는 데 있다. 이와 같은 여상의 역할은 단지, 고형물(어류의 똥이나 사료의 찌꺼기 등)의 제거에 있는 것만이 아니고 그 주된 목적은 수중에 녹아져 있는 오탁물질(汚濁物質) 즉 부니(浮泥) 등 아주 미세한 오탁물질의 제거에 있다.

사육지에서 생긴 오탁물질의 일부는 미생물이 생장하는 데 쓰이고 또 일부

[그림 4-10] 사육지와 여과조 배치도의 예

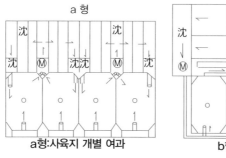

a형:사육지 개별 여과

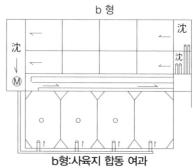

b형:사육지 합동 여과

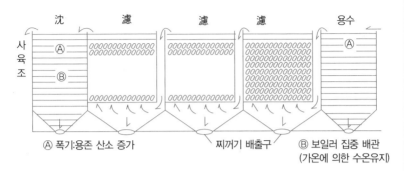

[그림 4-11] 여과조 단면도

는 미생물이 생명 활동에 필요한 에너지를 얻기 위하여 수중의 산소를 사용하여 무기물에 산화 분해되는 것에 의하여 수중에서 제거된다.

이 정화의 원리에서 생각해 볼 때 다음과 같은 일이 필요하다.

① 숙성

새로운 순환여과 사육장치를 설치한 직후의 여상(濾床)에는 정화에 필요한 미생물이 생존(착생)하고 있지는 않다. 여과, 정화에 필요한 미생물은 사육어의 배설물이나 사료의 찌꺼기 등을 영양원으로 하여 발육한다. 따라서 사육장치의 설치 직후는 많은 고기를 수용해서 많은 사료를 주게 되면 정화는 아직되지 않으므로 용수의 오탁이 매우 심하게 되어, 고기는 죽게 된다.

이와 같이 사육 개시 직후에서 여과, 정화기능을 충분히 발휘하는 상태가될 때까지는 적어도 수일이 걸리게 되며, 숙성 상태에의 도달 즉, 미생물이 잘착생(着生)되어, 어류를 수용할 때까지는 2주일 정도가 걸린다고 알려져 있다. 일반적으로 조기에 숙성(熟成)시키기 위하여 어류의 수용 전에 요소(尿素)를투입한다든지 하여 숙성을 촉진하는 일이 실시되어 효과를 올리기도 한다.

중요한 것은 여과, 정화에는 오탁수에 의해서 많은 미생물이 하나의 균형(均衡)을 가지고 생육(生育)하는 것이 바람직하므로 사육 초기에는 한때 많은투이를 실시하여 용수를 오탁시킨다.

또한 이러한 미생물은 오탁물질을 영양원으로 하여 생육하는 것이므로, 어류를 수용하지 않고 용수만을 순환시킨다 하더라도 그다지 큰 숙성의 효과를 기대할 수 없다.

② 산소의 공급

어류(魚類)를 사육할 경우 용존산소가 충분히 있지 않으면 안된다는 것은 말할 필요도 없다. 순환여과식 사육법(循環濾過式 飼育法)에 있어서는 수중의 산소는 고기가 소비하는 것만이 아니고 여상(濾床)에 착생해 있는 미생물은 수중의 산소를 이용하여 오탁물질(汚濁物質)을 산화, 분해하는 것이므로 정화작용이 진행되고 있는 한 여상에 있어서는 산소의 소비는 계속된다. 즉 여상에서의 산소의 소비는 용수의 정화가 진행 중에 있다는 증거이다. 이 산소의 소비는 의외로 커서 전 수용어의 호흡에 의한 소비와 거의 같다.

특히 여과조를 통과한 용수가 사육지(조)에 주수될 경우 폭기, 수차 및 어떤 방법에 의해서든지 충분히 통기하여 주입하지 않으면, 산소 부족을 일으키는 경우가 있다. 여과 후의 용수에 겨우 1ppm 정도의 산소만이 함유되어 있는 실례는 얼마든지 있다.

고기를 위해서도 충분히 통기시킬 필요가 있는 것은 말할 것도 없지만 여상(濾床)의 미생물에게 정화 능력을 발휘시키기 위해서도 여상에 충분한 산소가 있어야 한다.

이와 같이 순환여과식 사육시설에서는 산소의 소비가 수용된 고기의 호흡에 의한 소비의 2배 정도일 것이라는 것을 생각해 볼 때 고기의 건강유지와 정화능력의 완전발휘라는 관점에서 충분한 산소의 보급을 위해서는 될 수 있는 대로 많이 통기시킬 필요가 있다.

③ 수질변화(水質變化)

순환여과식 뱀장어 양식과 지수식 뱀장어 양식에 있어서 용수의 정화의 큰 차이는 전자는 식물에 의한 정화(淨化)가 기대되지 않는 점에 있다. 식물이 없으면 영양분으로 흡수하는 유기물 분해의 최종 생성물인 질산(NO_3)이 이상(異常) 축적(蓄積)된다. 이 결과 용수는 차차 산성으로 기운다. 심한 경우는 pH 6 이하로 되는 수가 있다.

이와 같은 상태가 되어도 사육 중인 뱀장어에는 그다지 큰 영향을 미치지 않으나 정화조에서의 정화능력이 약해져가므로 석회를 투입하는 일 등으로 pH의 상승을 시도해야 한다. 이 용수의 산성화를 통해 정화 기능이 발휘(發揮)되고 있는 시기는 정화가 진행되고 있을 때라는 것을 알 수 있다.

정화가 잘 되고 있는 시기에는 암모니아(NH_4-N), 아질산(NO_2-N), 질산(NO_3-N)의 이행(移行)이 순조롭게 이루어져서 수중에는 아질산은 거의 존재하지 않는다. 아질산의 분석은 매우 간단한 것으로 용수 중의 아질산을 정기적으로 조사해서 만약 아질산이 이상(異常)으로 검출될 때에는(이는 곧 암모니아가 질산으로의 이행이 잘 안되어 용수 중에는 암모니아 함유량이 많아질 뿐만 아니라 정화가 잘 안되고 있다는 증거로 수중의 암모니아 함유량의 분석보다는 아질산의 분석이 쉽고 오차가 적다.) 투이량을 줄이거나 멈추고 용수의 교환이나 여과조의 청소 등을 실시해야 한다.

④ 여과조(濾過槽)의 크기

여과조의 크기에 대하여서는 아직도 일정한 기준이 설정되어 있지 않다. 여과지(槽)의 기본 원리는 사육지에서 뱀장어의 똥이나 흩어진 찌꺼기 등에 의해서 더러워진 용수를 여과지(槽)로 강제순환(强制循環)시키면서 여과제에 착생되어 있는 미생물에 의해서 제거시키는 것이다. 찌꺼기 중에는 비교적 큰 고형의 것과 수중에 부니(浮泥) 상태의 작은 것이 있다.

여과재에 착생된 미생물(세균)에 의해서 흡수(제거)되는 것은 부니 상태의 작은 찌꺼기이고 고형의 찌꺼기는 사육지나 급이장 또는 여과지 중의 침전조에서 못 밖으로 직접 유출시키지 않으면 여과조는 막혀서 그 기능을 잃고 만다. 따라서 여과지의 기능을 장기간 그리고 최대한 발휘시키기 위해서는 이 고형(대형) 찌꺼기를 용수가 여과조로 들어가기 전에 최대한 제거하는 데 있다.

이를 위하여 전항의 기본 설비 이외의 고압탱크 등 각종 기계와 장비가 활용되기도 하는데, 이 모든 것들의 궁극적인 목표는 사육지의 단위면적당 여과능력을 최대화하는 데 있는 것이므로, 여과조의 크기나 설치 방법은 이용코자하는 기계장비에 따라 달라질 수도 있다.

순환여과식 뱀장어 양식에 있어서 평당 뱀장어 수용량은 30kg 이상 120kg 정도이지만 현재 수준인 여과조 면적의 최고 방양량은 60~80kg 정도라고 생각된다. 본 양어방식이 보급될 초기에는 면적이 3분의 1 전후였으나, 이 비율은 차차 커지기 시작하여 지금은 80~100%로 설계되는 것이 거의 일반화되었고, 여과조 면적이 더 많아지고 있는 경향이 있다. 각종 양식설비가 동원됨으로써 뱀장어 수용량은 평당 120kg에서 150kg까지 증가하고 있다.

일본에서 적용했던 여과조의 밑바닥 경사, 못 벽의 높이, 수심 및 사육 수조의 낙차 등의 설계를 위한 일례로 보면 다음과 같다. 생물여과(生物濾過)를 최대한 촉진한다는 의미에서 사육조와 여과조의 벽 높이를 평행이 되도록 하며 수위의 차는 약 20cm 정도 되게, 주배수 배관을 조절 시설함으로써 양수가 쉽고 침전조와 여과조 각각의 수위차에 의해서 용수는 점차 여과되어 사육지로 들어가게 되는데 이는 낙차가 거의 없으므로 용수의 회전이 하루 약 18회 정도로 낮아지고 산소의 용입(溶入)이 적은 단점이 있다. 용수가 보다 원활하게 순환되도록 여과조 각 칸의 통수로(通水路)를 적절히 시설함으로써 보완이 어느 정도 가능하다.

⑤ 여과재료(濾過材料)

초기에는 사육지 한 쪽에 조그마한 여과지를 설치하고 그 안에 모래와 자갈을 넣어 대형 찌꺼기 일부를 걸러 내는 것으로 시작하였으나, 여상(濾床)에 세균의 착상에 의한 정화방법이 응용되고 난 후부터는 우리 주변에 있는 여러 가지의 여과재료가 이용되고 있다.

여과재료로써 구비해야 할 조건을 보면,

㉠ 취급이 쉽도록 가볍고, 이동이 편리하고 넣거나 꺼내기가 좋을 것.

ⓛ 여과 효과가 많은 것.

ⓒ 청소, 교환 및 소독이 쉬울 것.

ⓡ 입수가격이 저렴하고 파손이 잘 안 되는 것.

ⓜ 대량 입수(入手)가 가능한 것.

ⓗ 유속(流速)이나 여과속도가 좋은 것.

ⓢ 독성물질이 부착되거나 발생하지 않을 것.

ⓞ 여과재료로써 사용 중에 붕괴되거나 용해가 잘 되지 않는 것.

이상의 조건을 놓고 양적으로 활용될 수 있는 **여과재료의 특징**을 간단히 보면,

ⓖ 석재(石材) : 5~7cm 크기의 화강암 계통의 암석(岩石), 깬돌, 옥석(玉石), 석회석(石灰石) 등인데 중량에 있어 여과조에 운반 등이 곤란하다.

ⓛ P.V.C파이프 절단편(切斷片) : 가격이 비싸다.

ⓒ 활성탄(活性炭) : 가격이 비싸다.

ⓡ 제오라이트(三井石) : 가격이 비싸다. 품질의 식별을 요하고, 산지에 따라 차이가 심하다.

ⓜ 어망(漁網) 또는 망(網) : 가벼우나 가격이 비싸다.

ⓗ 공조용 충진재(포장재료) : 가벼우나 파손되기 쉽고 다소 가격이 비싸다.

이상과 같은 재료가 있는 바, 입수 면(入手 面)에서나 장기 사용 면에서 석재(石材) 특히 깬돌 중 직경 5~7㎝의 비교적 큰 것과 어망 등이 좋을 것으로 생각되며, 한 개의 여과조에 저층은 깬돌 상층은 망재(網材)를 사용하는 방법도 있다.

요컨대, 표면적이 넓고 거칠거칠하며 세균의 부착생활이 용이하고 간격(즉 공간)이 넓어 통수와 통기가 잘 되어야 한다는 것이 여과재의 기본 조건인 것 같다. 생물여과에 의한 정화능력을 항상 유효하게 하기 위해서는 **첫째,** 통기(通氣)가 좋고 여과속도(濾過速度) 30m/h를 한도로 하여, 통수(通水)를 좋게 해야 하는데 여과속도가 느리면 여과재 표면의 간격이 좁아져서 밀착해 버리

기도 하고 부분적으로 용존산소량이 떨어져서 질산화작용이 떨어진다.

즉 정화능력은 곧 여과재 표면적 대 그 간격=1대 2라고 말할 수 있어 간격의 존재가 중요하다.

둘째, 유기물 특히 단백질의 분해는 혐기성적인 세균 작용에 의하는 것이 많은데, 사육지의 용수가 여과조에 들어가기 전에 침전조 등에서 유기물 특히 대형 유기물(S. S)을 빨리 그리고 많이 제거할 필요가 있다.

셋째, 용존산소량, 탄산가스, 암모니아 유기물의 변동 폭을 작게 하여 일정하게 한다.

그러나 실제로 여과조를 관리해보면 시일이 지날수록 통수량(通水量)이 줄어드는 데 이는 여과재 간의 간격이 좁아진 것에(閉塞) 기인하는 것으로, 이의 원인을 보면 다음과 같다.

㉠ 여과재의 수용밀도가 많다.

㉡ 여과재의 재질(材質), 형상(形狀), 입도(粒度)에 따라 공간이 적은 것의 사용.

㉢ 여과조에서의 펌프의 양수력(揚水力)이 커서 수량이 많아지므로 사전에 침전시킨 유기물이 다량 섞여 들어왔을 때.

㉣ 세척이나 청소가 잘 안되어 발생하며, 이는 여과조 밑부분에 가라앉은 침전물 제거가 잘 안되었거나 세척작업 횟수가 적었거나, 규칙적으로 실시하지 않았거나, 아예 실시하지 않았을 때 생긴다.

따라서 여과재의 중간세척은 아래와 같이 실시한다.

㉠ 햇빛에 말리고 예비 여과재료로 대체한다.

㉡ 일단 여과조 물을 배수한 후 수압 25kg 이상의 강압분사(强壓噴射)로서 여과재 위에서 세척한다.

㉢ HCI용액(염산 1~2%)에 담가 부착 생물(주로 세균이나 조류)을 죽인 후 깨끗한 물에 다시 씻어낸다.

신설 콘크리트 사육지는 콘크리트 독성으로, 방양한 뱀장어의 대량 폐사 위험이나 사료를 잘 먹지 않는 경우가 많다. 이때에는 아래와 같은 조치를 반드시 실시해야 한다.

  ㉠ 사육지와 여과조에 물을 가득 채우고 물 1톤에 대하여 명반을 20~30g 녹이고 수온을 40℃ 정도까지 올린다(명반은 시중 화공약품상에서 쉽게 구할 수 있다. 값도 싸다).

  ㉡ 비닐페인트는 독소가 나오지 않도록 콘크리트에는 물론 보일러 배관에까지 잘 칠한다.

  ㉢ 기존 시설에 부분적으로 콘크리트로써 시설 보강을 했을 때에는 1~4% 염산액으로 골고루 닦아낸다(불그스름한 콘크리트 독이 닦아져 나온다.)

(4) 가온설비(加溫設備)

① 비닐하우스

고등소채(高等蔬菜) 재배단지에서 이용하고 있는 제작법(製作法)을 활용하는 것이 좋으리라 믿는다.

시행방법 중 철골 조립방식(鐵骨 組立方式)은 [그림 4-12]와 같은 것이 대부분인데 이 중에서도 ①의 방법 즉 형태의 연동식이 많이 보급되어 있다.

①의 방식은 철파이프가 내외 2중으로 되어 있고 내부의 철파이프는 외부에 비하여 그 간격이 5:1 정도로 넓으며 이중비닐의 효과는 수온 3~5℃에 해당할 만큼 크다. 비닐하우스 설치 방향은 겨울철 바람의 방향과 조화를 이루어야 하며 직사일광이 없는 북향은 텐트커버지로 시설하거나 내외 비닐 사이에 방열재 스티로폼을 끼워 넣어 외부로의 방열을 최대한 억제하여야 한다.

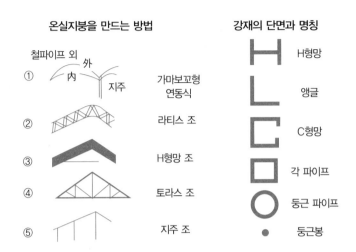

온실지붕을 만드는 방법

철파이프 외

① 外 / 内 / 지주 — 가마보꼬형 연동식

② 라티스 조

③ H형망 조

④ 토라스 조

⑤ 지주 조

강재의 단면과 명칭

H형망

앵글

C형망

각 파이프

둥근 파이프

둥근봉

[그림 4-12] 비닐하우스 지붕의 철골 조형식과 철강재(鐵鋼材)의 단면과 명칭

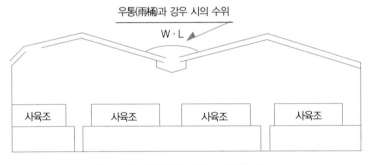

우통(雨桶)과 강우 시의 수위

W·L

사육조　사육조　사육조　사육조

[그림 4-13] 연동식의 단면과 우통(雨桶)

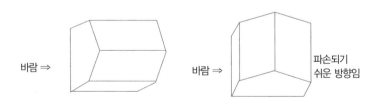

바람 ⇒

바람 ⇒　파손되기 쉬운 방향임

[그림 4-14] 바람의 방향과 비닐하우스의 파손

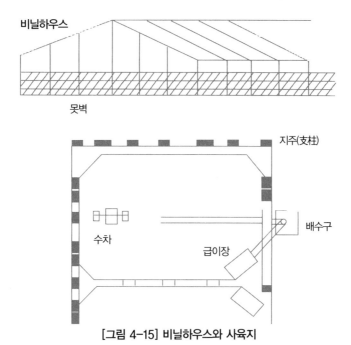

비닐하우스

못벽

지주(支柱)

배수구

수차

급이장

[그림 4-15] 비닐하우스와 사육지

② 보일러

10월부터 이듬해 5월에 이르는 사육수온을 유지하기 위해서는 온천수를 용수나 열원(熱源)으로 이용하지 않는 한 비닐하우스만으로는 불가능하므로 보일러 사용이 불가피하다.

[종류(種類)]

현재 뱀장어 양식에 이용되고 있는 중유(重油)보일러를 구조에 따라 분류하면 온수 보일러

- 연관식(煙管式)- 횡형(橫型)
- 승강유동식(昇降流動式)- 연관형(連罐型)

증기 보일러

- 연관식(煙管式)

• 수관식(水管式)

등인데 주로 온수 보일러의 수관식을 많이 사용한다.

온수 보일러의 능력은 1시간당의 발열량으로 표시되는데 종형(수관식)은 일기(一基)의 출력이 60만 Kcal 정도가 상한으로 되어 있고 1Kcal라고 하는 것은 1ℓ의 물을 1℃ 높이는 데 필요한 열량을 말한다. 보일러의 내용연수(耐用年數)는 5년에서 7년 정도이며, 사용기간이 많을수록 출력(효율)은 떨어진다. 보일러 내에서 소비된 중유가 완전히 연소했을 때의 발열량에 대한 관내에 온수로써 얻어지는 열량의 비율(열효율)은 사용 초기에 70~75% 정도라고 한다. 온수 보일러는 보일러 내에서 뜨거워진 온수를 펌프로 사육지에 설치된 방열관(放熱管)을 순환시킨 후 보일러 내에 되돌아 오도록 한 것이다.

연관식(煙管式)은 보일러관 내의 물에 다수의 관(管)을 설치하고 그 속을 연소가스가 통과하면서 주위의 물을 따뜻하게 하는 것이고 수관식(水管式)은 연관식과 반대로 보일러 관내에 물이 통할 수 있는 관을 다수 설치하고 관과 관 사이를 연소가스가 통과하면서 관내(管內)의 물을 따뜻하게 하는 방식이다. 보통 연관식의 보일러는 횡형(橫型), 수관식은 종형(縱型)으로 되어 있다.

한편 승강유동식(昇降流動式)은 연돌(煙突)에서의 열 손실을 특수한 구조에 의하여 회수(回收)하는 방식으로 열효율은 지금까지의 온수 보일러보다 다소 높다고 알려져 있으나 가격은 일반적으로 온수 보일러의 약 2배이다.

[보일러의 규모와 배관]

사육지 물을 따뜻하게 해주기 위한 열량은 평당 1,500~2,000cal/h가 필요한데 예를 들어 수면적(水面積) 100평에 수심 60cm이면 수량은 약 200톤이 된다. 이 물을 1시간에 1℃ 높이는 데는 20만 Kcal의 열량이 필요하고 2시간에 1℃ 높이는 데는 10만 Kcal가 필요하다.

그러나 보일러 용량을 결정할 때는 열손실(熱損失)과 가장 추울 때의 조건을 전제로 하여 통상 20~30%의 여유를 주는 것이 좋다.

배관공사(配管工事)는 [그림 4-16]과 같이 전면 배관식과 집중 배관식이 있

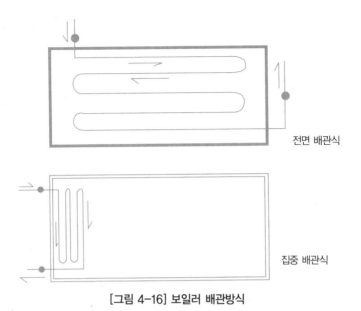

전면 배관식

집중 배관식

[그림 4-16] 보일러 배관방식

는데 서로 장단점이 있고 이용 면에서도 비슷하나 열효율 면에서 집중 배관식이 좋은 것이 아닌가 생각된다.

배관 시에는 사육지 중에 파이프(철, 알미늄, 아연관 등 직경 5~6cm)를 [표 4-2]와 같이 설치하며 보일러에서 40~80℃로 가온한 온수가 파이프를 통과하면서 사육지 수온을 간접적으로 상승시킨다.

보일러의 크기(용량)는 기후와 공급수원(지하수 또는 자연수)에 따라 차가 있으나 1,000㎡(300평)에 40~50만 Kcal 정도의 것이 필요하다.

[표 4-2] 사육지별 배관파이프의 길이

구 분	길 이
원지(실뱀장어)	평당 1.5~1.8m
분양지(흑 자)	평당 1.2~1.5m
양성지(중간종묘 이상)	평당 1.0m 전후

③ 부속설비(附屬設備)

가온시설에 의한 뱀장어 양식을 할 때는 수차, 펌프, 보일러, 에어부로아 등의 전기기구가 많이 소요되는데 필요한 전력은 대개 1,000㎡당 10kw/h 정도이므로 이에 해당하는 예비 발전기, 각종 통기장치(通氣裝置), 환기문 등이 필요하다.

2. 사육 수질 관리

일반적으로 뱀장어 사육 용수로써는 자연수(하천수, 자연용천수 및 지하수)와 온천수(주로 25℃ 이상의 온천수)가 이용되고 있는데, 주요 항목별 구비 조건은 다음과 같다.

(1) 수온(水溫)

증육적온(增肉適溫) 범위 내에서 점액성 세균(粘液性 細菌)의 번식을 가능한 피할 수 있는 수온을 뱀장어 양식 적온이라고 한다면
- 실뱀장어 및 검둥뱀장어 : 25~26℃
- 성만 양성 : 24~25℃ 라고 할 수 있다.

(2) 색도(色度)

색도는 일반적으로 맑으나 지하온수는 철분, 유황분 등이 있으므로, 사용 전에 흡착(吸着), 침전(沈澱), 여과(濾過) 등의 제거장치(除去裝置) 필요 유무를 검토해야 한다. 철편이나 철분을 미리 제거하면 폭기 후의 사육수의 백탁현상(白濁現象)을 방지할 수 있다.

(3) 탁도(濁度)

물이 탁하다는 것은 뱀장어 양식에서뿐만 아니라 생물의 생존상 먹이를 찾는 일과 호흡 등에 매우 불리하다. 뱀장어 사육에는 현탁물질이 아가미를 덮어 호흡에 지장을 주고 야외 사육지에서는 햇빛의 투과(透過)에 지장을 준다. 밑바닥에 쌓여 있는 사료의 찌꺼기나 배설물 등 유기물에 의하여 수질악화의 원인이 되기도 하는데 용수 기준은 10ppm 이하이다.

(4) 용존산소(DO)

수질 기준으로 표현하면 24시간 중 16시간 이상은 5ppm 이상 유지하고 여하한 경우라도 3ppm 이상 유지해야 한다.
수중의 용존산소의 변화 조건은 다음과 같다.
① 수중(水中)의 유기물이 많아지면 산소는 소비된다.
② DO의 용해도(溶解度)는 수온, 염분에 반비례하고 기압에 정비례하여 증감(增減)한다.
③ 조류(藻類)의 유무에 따라 변화하며, 포화점(飽和點) 이상으로 증가하기도 하고 반대로 0에 가까울 때도 있다.

(5) pH

기본적으로는 5~9 사이에서는 나쁜 영향은 없으나 가장 이상적인 pH는 대개 6.5~8.5이다. 자연수의 pH는 특이한 장소를 제외하곤 이 범위이나 순환여과지에서는 경우에 따라 높아지기도 하고 낮아지기도 하므로 수시로 조사하여 인위적인 조절이 불가피하다.

(6) 이산화탄소, 탄산가스(CO_2)

뱀장어 체내(體內)의 신진대사(新陳代謝) 결과 배출된 탄산가스로 인하여 수

[표 4-3] 음료수 양만용수 및 온수의 수질표

구분 / 항목	음료수판정기준	양만표준용수	온수(1예)
냄 새	이상취기무, Cl소독에	무	무
맛	의한 잔유 염소	–	무
색 도	무색투명, 상수도 2도 이하	무색 또는 담록	1.0
탁 도	상수도는 1도 이하	흐린 것이 근소하고 단시간	1.0
DO	–	5.0ppm 이상	–
PH	5.8~8.6 단지 천연유리탄산 등의 처리에서 5.8 이하는 양호	6.5~8.0	8.4
NH4-N	0	0.5~1.0ppm	불검출
NO2-N	0	0.06ppm 이하	불검출
NO3-N	상수도 10ppm 이하	0.06ppm 이하	0.2ppm 이하
Cl이온	30ppm 이하	유리 Cl 0.02ppm 이하	5.7ppm 이하
NaCl	–	약 0.03ppm	–
Fe	Fe+Mn가 0.3ppm 이하	1.0ppm 이하	0.3ppm 이하
Ca		10~50ppm 이하	
Mg		10~30ppm 이하	
COD		10~25ppm 이하	
과망간산 칼륨 소비량	10.0ppm 이하	–	0.6ppm
경도	총 경도 300ppm(약 17도) 이하	140~800ppm	8.0ppm
증발잔유율	500ppm 이하		37.0ppm
일반세균수	대장균군 시험에서 5검체 공히 음성 일반 세균수 100 이하		4
판정			음료적합

중의 CO_2가 증가하며 이로 인하여 뱀장어 체내에는 CO_2가 점차 축적된다. 그 결과 체내의 pH가 낮아지고 혈액의 탄산가스 농도가 많아지면 용존산소가 헤모글로빈과 결합하기 어렵다. 탄산가스와 수온 및 용존산소 사이에는 밀접한 관계가 있어 DO가 3~5ppm으로 내려가면 20ppm 이하의 유리 CO_2라도 유해(有害)하다고 한다. 이외의 뱀장어 사육용수로써의 기준은 [표 4-3]과 같다.

제3절 그 밖의 양식 방법

1. 터널식 양식법

이 방법은 토관을 이용하여 유수식으로 뱀장어를 사육하는 방법이다. 이 방법의 특징은 뱀장어가 어두운 것을 즐겨하는 습성이 있는 것을 이용하는 것이다. 약간의 토지와 수원이 있으면 어디서든지 훌륭하게 기업으로서 성립시킬 수 있는 방법이다.

이 방법에서 가장 문제가 되는 것은 우물에서 나오는 물을 사용했을 때 그 수온은 18℃ 전후가 되므로 이 온도로는 뱀장어의 성장에 시일이 걸린다는 점이다. 또한 온천열을 이용하여 온도를 올리는 경우도 항상 온도조절에 어려움이 따른다.

물의 양을 뱀장어에 적합하도록 조절해서 흘려주는 방법을 쓰고 있으므로 같은 면적에서 사육할 수 있는 뱀장어의 양이 지수식의 경우보다 훨씬 많다는 장점이 있다.

뿐만 아니라 지수식과는 달라서 코올리기 현상이나 수질 변화가 없고 사육관리의 점에서도 간단하다. 시험보고에 의하면 1일 증체율은 평균 1%이며 증육계수도 4.84라는 좋은 성적을 보이고 있다.

2. 유수식 해수 양식법

공업의 발전과 더불어 공업용수로 지하수가 점점 더 많이 이용되고 있으며 이 때문에 수량이 부족하여 해안지대의 양식지에서는 풍부한 해수를 펌프로 양수하여 유수식으로 뱀장어를 사육하는 방법이 고려되고 있다.

일본의 한 양식장에서는 면적 40㎡, 수심 65cm 못에 80~90ℓ/min의 해수를 유수시켜 그 속에 70kg의 뱀장어를 20일간 놓아 길렀다. 그 결과 87.7kg으로 성장하였으며 증육계수도 6.1이란 좋은 성적을 올렸다고 한다. 이때의 평균 수온은 24.1℃, 비중 1.0125였다. 해수에서 사육된 성품뱀장어는 담수에서 양식한 뱀장어와 조금도 다를 바 없었다.

주의할 점은 물이 투명하므로 어두운 곳을 즐기는 뱀장어의 습성상 못 가운데에 충분히 숨을 장소를 만들어 줄 필요가 있었다는 점이다. 또한 사용하는 물이 바닷물이므로 못바닥이 오염되어 유화수소가 발생하기 쉬우므로 숨을 곳을 아파트식으로 하여 지저(地底)가 오염됨에 따라 뱀장어가 상단의 좋은 환경으로 이동할 수 있도록 고려되어야 한다는 것이다.

3. 망활책식 양식법

함수호(鹹水湖)라든가 담수의 유지나 호소를 이용하여 망활책으로 뱀장어를 양식하는 방법이다. 이 방법은 지중양식에 비하여 경비가 적게 들고 어떤 곳에서든지 실시할 수 있다는 이점이 있다.

'하마니꼬'의 경우를 보면 망활책의 구조는 대(竹)로써 틀을 짜서 활책은 이중으로 하여 외측에는 '사랑'(8×8mesh)을 친다. 이 전체의 크기는 2×3×2m이다. 그리고 그 속에는 언제나 수심을 1m로 유지하기 위하여 2개씩 '발포스치로루' 부자(浮子)를 외틀의 대에 붙인다. 이 망활책에 평균체중 65.7g의 뱀장어를 23kg이나 놓아 키웠는데 36일 동안 사육지의 물이 투명하므로 뱀장어가 숨을 수 있는 장소를 만들어줄 필요가 있었다.

그러기 위해서는 대나무 통(竹筒), 비닐 통 등으로 뱀장어의 침상(잠자리)을 활책 내에 매달아주어 뱀장어가 안심하고 살 수 있도록 힘써야 한다. 또 먹이를 줄 때에는 직접 주지 말고 판자 같은 것으로 그늘을 만들어서 그 밑에다 주도록 하는 것이 좋다. 망저(網底)는 땅바닥(地底)에 닿지 않게 적어도 50㎝ 정도는 밑바닥에서 떨어지도록 해야 한다.

　　수질이 악화되면 유지나 호소와 같이 물의 교류가 불량한 곳에서는 지수의 경우와 마찬가지로 산소부족으로 코올리기 하는 수가 있다. 코올리기를 시작하면 물의 교류가 나쁜 경우에 한해 수차(水車)나 또는 펌프로 물의 교류를 촉진시켜 주는 것도 한 가지 방법이다.

{제**5**장
어병 대책

제1절 어병의 일반 진단과 대책

1. 병 유무의 조사 방법

뱀장어가 일으키는 병을 대별하면 다른 생물이 체표, 아가미, 내장 근육에 기생하여 일어나는 병(기생충 및 세균에 의한 병)과 수질이나 영양의 결핍 등에 의하여 일어나는 비기생체성(非寄生體性)의 병으로 나뉜다.

뱀장어는 기생체(寄生體)가 침입하여 일으키는 병이 대부분으로 이러한 기생체가 뱀장어에 기생하거나 침입한다고 해서 반드시 병이 발생한다고 말할 수 없다.

병의 발생과 만연(蔓延)은 대단히 복잡하고 아직도 규명되지 않은 것이 많으나, 일반적으로는 수질의 악변이나 사료, 수온 또는 다른 원인으로 뱀장어의 저항력이 약해졌을 때 발병하는 것으로 알려져 있다.

따라서 한 가지의 병이라도 몇 가지 요인이 복합적으로 일으킨다고 할 수 있는 바, 그 중에서도 직접의 원인이 무엇인가를 알아내는 일(병의 진단)이 가장 중요하다.

이를 위해선 병든 뱀장어 몇 마리를 잡아서 물곰팡이(수생균)의 유무, 지느러미나 항문, 복부 등이 붉지 않은가 아가미 부분을 손가락으로 눌러 보아서 피가 나오지는 않는가 등을 조사한다. 다음은 아가미 구멍에 가위를 넣어 찢어서 아가미를 노출시켜서 색조와 결손의 유무, 부착물의 유무를 관찰한다. 다음은 가위로 배를 가르고 내장(간장, 위, 장관)의 이상(異常)유무를 조사한다. 마지막으로 아가미 한 조각을 떼내어 현미경으로 기생충의 유무와 아가미 세엽의 비후(肥厚)여부를 조사한다. 중요한 것은 이러한 관찰로 병이 출현했을 때만 실시하지 말고 월 1회 정도 정기적으로 실시하는 습관을 들이는 것이 좋다.

이를 위해선 다음과 같은 기구(器具)가 최소한 구비되어야 한다.

① 해부용 가위
② 핀셋 〉아가미를 떼내거나 복부를 가를 때 사용
③ 현미경(50~300배 정도):아가미의 이상(異常), 기생충의 유무 조사

또한 관찰 시의 뱀장어 각 부위의 정상과 이상(異常)은 다음 [표 5-1]과 같다.

[표 5-1] 뱀장어 각 부위의 이상

구분	부위	정 상	이 상
외부	체 형		요철이 있다.
	체 색	암청색	전체가 회백색
	지느러미	무색, 반투명	발적, 비후
	항 문	무색, 반투명	발적, 확장
	아가미	적색이고 결손이나 부착물이 없다.	핑크색, 백색, 암적색, 색의 덩어리, 오물부착, 결손
	복 부	백색	출혈점
내부	간 장	암적색, 색덩어리 없다.	유백색, 반상이 있고 색이 짙다.
	위	백색이고 작다.	발적, 늘어나서 엷고 점액이나 물이 들어 있다.
	장	엷은 복숭아 빛깔, 적색	진적의 충혈, 장이 늘어나서 가늘다.
	복 강		유청색의 액체, 응고물이 들어 있다.
	신 장	암적갈색	커피색, 비대, 연하다.

따라서 병든 뱀장어의 외견(外見)과 이에 해당하는 질병은 다음 [표 5-2]와 같다.

[표 5-2] 병든 뱀장어의 외견상 질병의 진단

구 분 이상부위	실뱀장어, 검둥뱀장어(흑자)	육성 중인 뱀장어 (양중양태)
체표 및 지느러미의 출혈점	기적병	기적병, 적점병
물곰팡이의 기생	물곰팡이병(와타카부리)	물곰팡이병(와타카부리)
체표의 백점	백점병, 믹소디움증	백점병, 믹소디움증
체표의 얼룩의 유백반 요철(凵凸)	곱사병	곱사병
항문부의 발적, 확장		기적병
장부의 팽창이상	복수병	복수병(腹水病)
지느러미나 체표의 기생충	탁티로기르스, 기로탁티르스	탁티로기르스, 기로탁티르스
아가미를 손으로 눌렀을 때의 출혈		아가미병, 새신염
구강 내 아래턱의 출혈점		닻벌레 기생

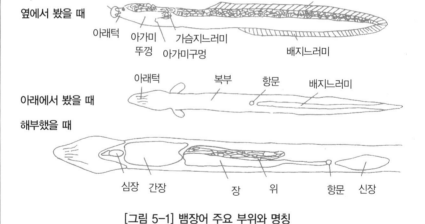

[그림 5-1] 뱀장어 주요 부위와 명칭

2. 병의 발견과 대책

어병 대책은 ① 사전예방, ② 조기발견, ③ 정확한 진단과 신속한 처치의 3
대 기본 준수 사항이 있는데, 예방을 위한 중점사항을 든다면,

- 건전한 종묘를 입수할 것.
- 방양 전 철저한 약욕과 정기 약욕 실시.
- 방양 직후 최소한 3일간은 순치기간, 그후 20일간은 방양밀도, 수온, 급이량 사육 관리(특히 지느러미가 다치지 않도록)는 신중히 할 것.
- 산소 보급은 충분히 하고,
- 여과조(못)의 정기 청소

  등이 있다.

다음 조기발견을 위해서는 유영상태(游泳狀態)와 먹이상황의 관찰, 죽은 뱀장어 빨리 건져내기, 해부, 자기진단 및 전문가의 초대와 상담, 비타민제, 증혈제(增血劑), 무기염류의 사료 첨가 등 신속한 다음 조치 등이 있다.

일반적으로 건강하지 않은 뱀장어의 특징은 다음과 같다.

- 사료를 잘 먹지 않는다.
- 유영하는데 이상(異狀)이 있다(몸을 흔들거나 선 자세로의 유영, 움직이지 않고 가만히 정지해 있거나 벽이나 밑바닥에 몸을 비빈다든지 광분한다).
- 소화 불량의 똥이 수면에 떠오른다.
- 유영(游泳) 중인 뱀장어의 체표에 흰점이 있다.

기타 병의 유행기에는 과식시키지 않는 것도 예방대책 중의 하나이다.

특히 강조하고 싶은 것은 건강하지 못한 뱀장어가 보일 때에는 즉시 약제를 사용하지 말고 청소, 용수의 교체, 수온보지(水溫保持), 산소공급 등 환경 개선을 실시할 것과 사료를 확인해 보지 않으면 안 된다.

또한 pH와 여러 수질요건의 확인, 약제의 농도, 수온과 약효의 상관성, 사용 시간과 사용 횟수의 상관성, 구입 약제의 순도 등도 검토해 보아야 한다.

시간적인 여유가 있으면, 몇 개의 작은 유리 수조에 병어(病魚) 몇 마리를 수용하고 상온(常溫)에서의 약효와 약해의 한계를 판단한 후 약제를 사용하는 것이 가장 안전하고 정확을 기할 수 있다. 약제의 사용에 있어서는 수온의 격변(激變)과 수질의 노화에도 주의하지 않으면 안된다. 한편 수온이 높을수록 효과가 많은 반면 약의 분해 실효도 그만큼 빠르다.

3. 발병(發病)과 수온

다음 [표 5-3]은 뱀장어의 주된 병 중에서 비교적 수온의 영향을 받기 쉬운 병에 대하여 발병하기 쉬운 수온 범위를 나타낸 것이다.

20℃를 기준으로 각 병의 발병하기 쉬운 온도 범위를 나누어 고온성과 저온성으로 나누어 본다면 저온성 병의 예방이나 치료의 적온은 반대로 고온성 병이 발병하기 쉬운 조건을 만들어 주는 것이 된다.

결과적으로 보면 고온성의 병은 비교적 약제에 의한 처치가 쉽고 저온성의 병은 약제 처리의 방법이 없거나 있다 하더라도 효과가 그다지 기대되지 않는 경향을 보인다.

[표 5-3] 뱀장어 주된 병의 발병 수온조건 범위

구 분	병 명	발병하기 쉬운 온도	병원체의 발병온도 범위
고온성	장만병(에드워드병)	20~35℃	15~40℃
	아가미썩음병	20℃ 이상	–
	지느러미썩음병	20℃ 이상	–
저온성	새신염	10℃ 이하	–
	점액세균아가미병	15~20℃	–
	물곰팡이병(수생균)	10~18℃	4~20℃
	적점병	15~20℃	24℃ 이하
	백점병	14~18℃	3~25℃

4. 예방과 치료의 조건

저온성 병의 예방을 목적으로 하여 수온을 유지할 경우는 [표 5-3]에 나타낸 '발병하기 쉬운 수온'보다는 2~3℃ 높은 정도면 좋다.

그러나 치료로써의 온도는 통상 예방에 필요한 수온보다는 약간 높은 온도를 필요로 한다. 뿐만 아니라 치료용 설정수온은 뱀장어가 정상적으로 활동할 수 있는 온도 범위(높아도 35℃ 이하)이어야 함은 말할 것도 없다.

5. 저온성 병의 치료를 위한 수온의 필수 일수

저온성 병을 가온으로써 치료하기 위한 온도와 같은 온도의 유지일수는 최소한도 다음 [표 5-4]와 같은데 이 경우 수온을 높이는 가온 일수는 차차 적어지는 경향이 있다.

또한 치료를 하는 시점에서 병의 진행 정도에 따라서도 필요로 하는 가온 일수가 달라진다. 즉, 병의 발생 초기라면 표에서 보는 바와 같이 낮은 방향의 수온에서도 비교적 적은 일수에서 치료가 가능하나 병이 어느 정도 진행된 단계에서는 10일 이상을 요할 수도 있다.

[표 5-4] 가온치료의 수온과 필요일수

병 명	치료수온	수온유지일수
새신염	28~30℃	4~7일
점액세균성아가미병	28~30℃	4~7일
곰팡이병	24~26℃	3~5일
적점병	28~30℃	4~7일
백점병	26~28℃	3~5일

제2절 세균성 질병

1. 기적병

폐사율이 높은 세균성 질병으로 오래 전부터 알려져 온 뱀장어의 주요 질병 중의 하나이며, 뱀장어의 지느러미와 피부가 붉게 변한다하여 기적병이라 칭하고 있다. 연중 발생하지만 수온이 저하될 경우 많이 발생하며, 일반적으로 고수온(수온 25℃ 이상)에서는 본 질병에 의한 피해는 적다.

[증상]

병어(病魚)는 수면을 힘없이 유영하거나 사육지 벽 쪽에 얕은 곳이나 돌출된 부분에 정지하여 있는 경우가 많다. 병어는 등 · 가슴지느러미, 복측기부(腹側基部), 항문 부위 등이 붉게 변하고 복부에서도 피하출혈(皮下出血)로 인하여 구간부(軀幹部), 꼬리 등의 피부가 일부 괴사(壞死)하여 흰색으로 변하고 궤양이 형성되기도 한다.

기적병의 특징은 장내에서 증식한 병원균이 생산하는 세균의 독소에 기인하여 염증이 생기고 혈액으로 전신에 확산되어 전신장애(全身障碍)를 일으킨다.

[병 원인]

운동성이 있고 그람음성 간균(桿菌)인 Aeromonas hydrophila의 감염에 의한 것으로 세균의 크기는 1×1.5~6㎛정도이다.

[진단]

외관상의 해부적인 소견으로 개괄적인 진단은 가능하겠지만 정확한 진단을 위하여 병소(病巢)와 신장 조직에서 원인균인 A. hydrophila의 분리 동정이 필요하다.

[대책]

본 질병은 병원균에 감염되었어도 건강한 고기의 경우는 발병이 잘 되지 않으므로 고기의 이동 시 받는 충격, 고밀도 수용, 사료의 품질 불량, 급이량, 양어지의 수질악화 등의 어체의 저항력을 감퇴시키는 요인을 제거하도록 노력하는 것이 중요하다.

발생 시의 치료는 병원균이 항생제에 대한 감수성이 높으므로 내성(耐成)을 고려하여 적정 항생제를 선택하여 경구 투여(약품의 종류와 사용 방법편 참조)시키는 것이 효과적이다.

2. 아가미부식병(腐蝕病)

아가미부식병은 크롬나리스(Flexibactor columnaris)에 의한 것이다. 증상은 어종에 따라 다소의 차이는 있지만 본질적으로는 타 어종의 아가미부식병과 동일하다고 볼 수 있다.

아가미부식병은 15℃ 넘는 4월경에 발생하기 시작하여 여름을 중심으로 번성하며, 치어의 경우 폐사율이 높으며, 가을에 들어서 수온이 15℃ 이하가 되면 자연 종식(終熄)되는 경우가 많다.

[증상]

아가미 새엽에 세균의 집락이 발달하여 새엽의 부분적 결손이 일어나며 아가미의 점액 분비가 심하여 호흡장애를 일으킨다. 또한 아가미 새엽이 암적색으로 변하기도 하고 소출혈점(小出血點)이 다수 나타나는 경우도 있다.

[병원인]

그람음성 장간균(長桿菌)인 Flexibactor columnaris의 아가미 내 감염에 의한 것으로 균의 크기는 4~8×0.5~0.7㎛이다.

[진단]

균이 번식되어 있는 환부 점액을 슬라이드글라스에 도말 400배율로 검경하면 장간균의 운동성을 관찰할 수 있지만, 세균 배양에 의한 분리로 F. columnaris와 같음을 확인한다.

[대책]

호기성 세균이므로 용존산소를 3ppm 정도까지 저하시키면 균의 증식 효과를 기대할 수 있으며, 병어(病魚)는 아가미에 이상이 있어 섭이 상태가 불량하므로 치료는 약욕법이 효과적이다.

그러나 초기에 항생제나 설파제를 경구 투여(약품의 종류와 사용방법편 참조)하면 효과적이다.

3. 지느러미부식병

환경수에 직접 접하고 있는 부분 중에서도 지느러미가 세균으로부터 침해당하는 것으로, 뱀장어를 이동 시 생긴 상처 부위에 병원균이 감염되어 지느러미가 부식당한다.

병어는 주로 꼬리지느러미가 쉽게 침해당하여 붕괴 탈락되고 어떤 때는 환부에 수생균이 감염된 경우도 있다.

[병 원인]

아가미부식병 세균과 동일한 Flexibactor columnaris의 지느러미 감염에 의해서 발생한다.

[진단]

지느러미의 부식 증상으로 외견상 진단은 가능하겠으나, 다른 세균성 질병에 의해서도 지느러미 부식이 일어날 수도 있으므로 세균 분리에 의한 정확한 진단이 필요하다.

[대책]

수생균이 감염되어 있을 시는 수생균을 치료(뱀장어 수생균병 대책 참조)하면서 아가미부식병과 같은 방법으로 치료를 한다.

4. 에드워드(Edward)병

우리나라 양만장의 주요 질병 중의 하나로 보고되고 있으며 야외 사육지에서는 여름을 중심으로 봄부터 가을까지 발생하는 고수온기의 질병으로 최근에 와서 순환여과시설이 확대되어 항시 고온으로 사육되기 때문에 연중 발생되는 경향을 나타내고 있어 양만업계에서는 문제 시 되는 질병이다.

[증상]
지느러미와 복부의 붉은 반점만으로도 기적병 증상으로 볼 수 있지만 죽은 병어를 관찰하여 보면 외견상으로 기적병의 경우보다 병증(病症)이 심하고 악취가 강함을 느낄 수 있다.

본 질병은 병원균이 신장을 침해하는 경우와 간장을 침해하는 경우의 2가지 형태로 나눌 수 있다. 신장을 침해하는 증상은 항문이 확대되면서 돌출되고 그 주위가 붉게 충혈되어 팽창된다. 이것은 신장 후반부에 농양병소(膿瘍病巢)가 형성되어서 신장이 종대(腫大)되고 항문이 열려져 농(膿)이 유출되는 것에 기인한 것이다.

항문 부위 이외의 장에는 현저한 병변이 관찰되지 않는 것이 보통이다. 간장을 침해하는 증상은 전체 복부가 심하게 붉게 변하여 종창(腫脹) 되고, 복벽에 구멍이 생기는 것은 간장을 침해하는 병어의 특징적 증상이라 볼 수 있다. 또한 간장과 신장이 동시에 침해당하는 병어도 있지만 이것은 어느 한 쪽이 주가 되어서 침해되는 경우가 많다.

[병 원인]
그람음성 간균인 Edwardsiella tarda의 감염에 의한 것으로 균의 크기는 $0.5 \sim 1 \times 1 \sim 3\mu m$ 정도이다.

[진단]

신장과 간장에 농양병소(膿瘍病巢)를 형성하는 증상은 다른 질병에서는 볼 수 없는 것이기 때문에 해부적 소견으로 진단이 가능하나 합병증을 나타내는 경우가 있으므로 원인균의 분리 동정이 필요하다.

[대책]

병어에서 분리한 균주를 대상으로 약제 감수성 시험 결과 크로람페니콜에 높은 감수성을 나타내고 있지만 내성(耐性)을 고려하여 투약 전 항생제 감수성 시험에 의한 적정 약제를 선택하여 투여하는 것이 바람직하다고 하겠다.

5. 비브리오(Vibrio)병

담수어 및 해산어에 있어 비브리오 감염증 특히 Vibrio anguillarum 감염증을 비브리오 病이라고 한다.

비브리오병은 세균성 질병 가운데 가장 오래 전부터 알려져 온 병으로 비브리오균에 감염된 뱀장어는 체표면이 붉게 변한다하여 유럽에서는 red pest 혹은 red diseases로 알려져 있다.

[증상]

감염어는 외견상 이상 증상을 나타내지 않고 폐사하는 과급성(過急性) 안구 지느러미 항문 등의 주변과 체표, 내장 등에 출혈을 일으키는 급성이 아닌 아급성(亞急性), 체표에 궤양을 형성하여 장기간 지속되는 만성형(慢性形)이 있다. 병어는 주로 기적병과 체표면이 붉게 변하면서 표피조직이 붕괴되어 출혈이 심해지면서 궤양이 형성되는 만성형이 많다.

[병 원인]

V. anguillarum의 감염에 의한 질병으로 그람음성 간균으로 크기는 0.5~0.7×1~2㎛ 정도이며 1개의 편모를 갖고 있다.

[진단]

비브리오 감염어는 체표 출혈과 궤양 형성을 외관상 특징으로 하지만 이 증상은 다른 세균성 질병과 구분이 곤란하므로 정확한 진단을 위하여는 세균학적 진단이 수반되어야 한다.

[대책]

예방책으로 종묘의 채포, 수송, 선별 시에 가능한 한 물리적, 생리적 충격을 적게 하고 적정 사육밀도 및 적정 사육환경의 유지가 본 질병 예방에 무엇보다도 중요하다고 하겠다.

치료법으로써는 약제의 사용빈도와 내성균의 출현율(出現率)간에 관계가 있음을 고려하여 경증어는 항생제, 설파제 등을 사용하여 경구 투여하고 중증어는 약욕치료(약품의 종류와 사용방법편 참조)를 한다.

6. 적점병(赤點病)

적점병은 1971년도에 일본에서 최초로 유행된 보고가 있으며, 최근에는 대만 및 영국, 스코틀랜드의 양만장에서도 발생하여 피해를 입히고 있어 본 질병은 세계적인 분포라고 할 수 있다. 병어의 체표에 작은 출혈 반점이 다수 나타나 있다해서 적점병이라고 부르고 있다.

[증상]

본 질병의 특징적 증상은 죽을 무렵에 가서 체표 각 부분에 작은 출혈 점상이 많이 나타나며, 특히 아래턱과 복부의 항문 주위의 피부에 현저히 점상출혈(點狀出血)이 나타난다. 이것은 병원균이 뱀장어의 표피 기저막(基底膜)의 진피(眞皮)에 침입하여 증식하고 거기에 분포하는 모세혈관에 적혈구가 충만해져서 국소적(局所的)으로 괴상출현(塊狀出血)이 생기기 때문이다.

그 외에 지느러미의 출혈, 신장의 출혈, 내장의 퇴색, 신장의 위출 장관과 위의 발적(發赤), 복막(腹膜)의 점상출혈현상 등이 나타난다.

유럽뱀장어(*Anguilla anguilla*)는 일본 뱀장어(*Anguilla japonica*)보다 체표의 점상출혈이 그다지 현저하지 않고 오히려 체색이 흰색으로 변하는 경우가 많다.

[병 원인]

병균은 Pesudomonas anguilliseptica의 감염에 의한 것으로 균의 크기는 0.4×2.0㎛ 정도이다.

[진단]

전형적으로 병어의 체표에서는 점상출혈이 있어 이것으로 개략적인 진단은 가능하겠으나, 병어에 따라서 다른 세균성 질병과 구별이 곤란할 때가 가장 많으므로 세균학적인 분리 동정으로 병인균을 확인한다.

[대책]

조기 발견에 의한 치료가 중요하며 항생제 또는 설파제에 강한 감수성을 나타내므로 본 약제의 경구투여(약품의 종류와 사용방법편 참조)가 효과적이다.

7. 수생균병

수생균의 번식 수온은 13~20℃이며 병의 발생은 지수식 양어의 경우 보통

2~5월과 11~12월 사이로 특히 봄철 3~4월에 집중적으로 나타난다.

본 질병은 최근 들어 순환여과 양식시설이 보급 확대됨에 따라 고수온 양식시설 내에서는 문제가 되지 않는 질병이다.

[증상]

기생 부위는 머리, 입술, 구간부(軀幹部), 꼬리 등 기생 부위가 한정되어 있지 않다.

수생균의 기생 초기는 기생 부위가 선명하지 못하여 작은 백반성(白斑狀)으로 보이지만 균사가 증식하게 되면 섬모상으로 되기 때문에 육안으로 쉽게 구별할 수 있다.

[병 원인]

조균류(藻菌類)인 Saprolegnia parasitica가 체표 기생에 의하여 잉어의 수생균병처럼 1차적인 감염요인에 따른 수생균의 2차감염에 의한 것이다.

[진단]

육안적으로 수생균의 기생을 확인하고 150배율로 검경하여 균사를 확인한다.

[대책]

실뱀장어의 경우 메틸렌 블루를 2ppm 농도로 하여 살포한 후 항생제 또는 설파제로 경구 투여(약품의 종류와 사용방법편 참조)하는 것이 효과적이다.

제3절 기생충에 의한 질병

1. 트리코디나(Tricodina)증

각종 담수어류에 있어 자, 치어의 아가미나 표피에 기생하여 많은 피해를 입히는 섬모충으로 실뱀장어와 검둥뱀장어에서는 주로 체표에 기생하지만 성어에는 가끔 아가미에 한정되기도 한다.

일본 뱀장어(*Anguila japonica*)의 치어에 기생할 경우 장기간 섭이불량 현상이 일어나 죽기도 하지만 성어에서는 그렇게 큰 피해는 없다.

[증상]

트리코디나는 체표에도 기생하지만 주로 아가미 새엽에 기생하여 피해를 입히며 본 기생충이 아가미에 기생하게 되면 점액이 이상 분비되어 호흡장애를 일으켜 죽게 된다.

표피 기생의 경우는 기생 부위의 표피가 비후(肥厚)해지고 점액으로 몸체가 쌓여 백탁(白濁)되는 증상을 보인다. 병어는 섭이가 불량해지고 유영이 완만하며 특히 양중물(養中物)의 경우 발생하면 많은 폐사가 일어난다.

[병 원인]

섬모충류의 일종인 *Tricodina sp.*가 아가미 또는 체표 기생에 의한 질병으로 충체는 복면(腹面)으로 보면 0.06~0.07mm 크기의 원형이다.

[진단]

체표 또는 아가미 새엽 일부를 잘라 슬라이드글라스에 놓고 커버글라스를 덮어 150~400배율로 검경하여 충체를 확인한다.

[대책]

포르말린 또는 과망간산칼륨을 규정농도(약품의 종류 및 사용방법편 참조)로 하여 살포하되 3일 간격으로 2~3회 연속 실시하는 것이 필요하다.

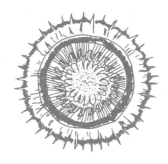
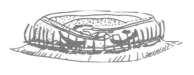

[그림 5-2] 트리코디나

2. 키로도넬라(Chillodonella)증

본 기생충은 잉어와 송어에서 오래 전부터 알려져온 병이다. 뱀장어에서는 지수양어지와 순환여과지 구분없이 발생한다.

발생률은 그다지 높지 않으며 폐사율도 높지 않다. 실뱀장어 양성 시에 주로 많이 발생하는 것으로써 시기적으로는 지수양만지의 경우 3~5월경이다.

[증상]

주로 실뱀장어와 검둥뱀장어의 체표면에 기생하며 감염어는 섭이가 둔하고 급이장에 모이지 않고 수면을 떠서 배수구 주변을 배회한다.

[병 원인]

섬모충류인 *Chillodonella sp.*의 체표 기생에 의한다.

[그림 5-3] 키로도넬라

[진단]

병어로 보이는 것을 잡아서 체표 점액을 슬라이드글라스에 도말하여 150~400배율로 검경하여 충체를 확인한다[그림 5-3].

[대책]

못 소독을 철저히 하고 병어도 포르말린을 규정농도(약품의 종류와 사용 방법편 참조)로 하여 3일 간격으로 2회 연속 살포하면 완전 구제된다.

3. 백점병

뱀장어에서 백점병은 실뱀장어에서부터 5~10g짜리의 치어에 심한 피해를 주지만 양중물(養中物)에서도 그 피해는 적지 않다.

일반적으로 본 질병은 양어지의 물의 교류가 좋지 않은 곳이 심하며 지수양만지에서는 가을부터 봄까지의 저수온 기간에 주로 발생한다.

[증상]

감염어는 피부 또는 아가미에 1mm 이하의 작은 흰점이 다수 관찰되며 흰점 부근의 표피도 흰색으로 탈색되어 있는 경우도 있다.

피부 기생의 경우 표피를 손상시키고 나아가서는 표피의 박리(剝離)와 출혈을 가져온다.

피부가 감염된 고기는 점점 쇠약해져서 죽는 경우도 있지만, 아가미에 다수가 기생할 경우에는 아가미에 점액이 이상 분비되고 아가미 새엽 상피조직이 부풀고 붕괴되어 호흡장애를 일으켜 죽게 된다.

[병 원인]

섬모충류인 Ichthyophthirius mulfifilis가 피부, 지느러미, 아가미 등의 기생에 의한다.

[진단]

아가미, 피부, 지느러미 등의 부위에 육안으로 흰점상을 관찰하고 흰점상 부위의 점액을 슬라이드글라스에 도말하여 150~400배율로 검경하여 충체를 확인한다.

[대책]

본 기생충은 구제가 어려운 기생충 중의 하나이며 구제 방법은 수온을 상승시키는 방법과 약제 사용에 의한 치료 방법이 주로 많이 쓰인다. 수온 상승은 가온시설이 되어 있는 경우 가능하며, 수온을 27~28℃로 올려서 4~7일간 지속시키면 충의 구제가 가능한데 수질 조건과 뱀장어의 건강상태가 좋으면 안전하고 좋은 방법이다. 사육밀도가 높지 않은 상태에서 발병 초기에 가온방법을 쓰면 효과적이다.

약제치료는 메칠렌 블루(약품의 종류 및 사용방법편 참조)를 사육지 전면에 3~4일 간격으로 4회 정도 연속 살포하면 효과적이다. 본 약제는 색소가 잔류하므로 실뱀장어와 원료(原料) 뱀장어에만 사용하고 그 이상에서는 사용을 금하는 것이 좋다. 메칠렌 블루 외에 포르말린(약품의 종류 및 사용 방법편 참조)을 3일 간격으로 3~4회 연속 살포해도 효과적이다.

4. 슈도닥티로기라스(Pseudodactylogyrus)증

뱀장어의 아가미에 기생하여 피해를 입히는 흡충은 Pseudodactylo-gyrus 속이며 본 충제는 잉어의 Dactylogyrus vastator와는 구별된다.

Pseudodactylogyrus 속에는 3종(p. microrchis, P. bini, P. anguillae)이 있는데 [그림 5-4] 이들은 기생 부위에 있어 다소 차이가 있다. 뱀장어의 아가미

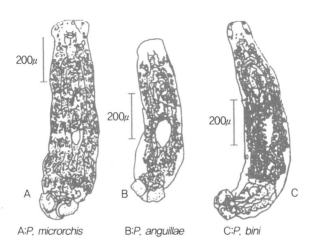

200μ

200μ

200μ

A   B   C

A:P. microrchis   B:P. anguillae   C:P. bini

[그림 5-4] 뱀장어에 기생하는 슈도닥티로기라스의 3종

새판 위에 기생 시 *P. bini*는 새판 끝에 많이 기생하는데 반하여 *P. microrchis*는 대부분이 새판기부에 기생한다. 본 기생충은 지수양만지뿐만 아니라 순환여과 양만지에서는 병이 장기간 지속되어 만성화되기 쉽다.

[증상]

잉어의 Dactylogyrus와 비슷하며 치어의 경우 다량 기생하게 되면 섭이가 불량하여 성장이 저하하는데, 증상은 아가미 점액이 과다 분비되고 상피가 부풀어 있다. 특히 갈고리가 있는 고착 부위에는 부풀고 기저막(基底膜)은 융기된다. 또한 아가미 박판상피(薄板上皮)는 서로 유착되어서 새판은 곤봉상(棍棒狀)으로 부푼다.

주 발생시기는 여름의 고수온기이며, 저수온이 되면 산란 활동이 저하되며, 감염은 양만지중의 난과 어체에 감염된 성충에 의해 전염된다.

[병 원인]

흡충류인 *Pseudodactylogyrus sp.*가 아가미 내 기생에 의한 것으로 충체는 납작하고 유연성이 있는 형상을 하고 있으며 체장은 *P. bini*의 경우 0.5~1.0mm 정도이다.

[진단]

아가미 새엽을 절단하여 150~400배율로 검경하여 충제를 확인한다.

[대책]

치어를 분양 수용 시에는 못 소독을 철저히 하고 치어를 수용하는 것이 중요하다. 구제약품은 트리크로로폰제를 0.5ppm 농도로 하여 지중 살포하되 이러한 농도에서는 난의 구제가 안되므로 난에서 부화되어 나온 자충을 구제하도록 해야 하는 바 [표 5-5]의 슈도닥티로기라스의 수온별 부화일수를 참고로 하여 4~5일 간격으로 4회 정도 살포하면 안전 구제도 가능하다.

종명, 저자	*P. microrchis* 금전 · 실하	*P. bini* 소천 · 강초(미발표)
난(형, 크기(μm)	계란형 74~101×59~72	좌동 66~94×54~64
부화까지 일수	20℃ : 5~7일 28℃ : 3~4일 10℃ : 1.2개	20℃ : 4~5일 25℃ : 3~4일 23~28℃ : 11~12개
1일당 산란 수	20℃ : 9.6(4.9~19.0)개 28℃ : 7.7 (3.0~9.8)개	

[표 5-5] 슈도닥티로기라스 란의 수온별 부화일수

5. 기로닥티루스(Gyrodactylus)

뱀장어에서 기로닥티루스의 기생 부위는 아가미로써 주로 유럽 뱀장어 (*Anguilla anguilla*)에 기생해서 피해를 입히는 것으로, 일본 뱀장어 (*Anguilla japonica*)에 감염될 경우 아가미에 약한 빈혈이 일어날 정도로 크게 문제되지 않는 질병이다.

충제가 기생하여 만성화되면 새판의 결손 및 붕괴가 일어나는 등 슈도닥티로기라스(Pseudodactlogyrus)증과 증상이 거의 비슷하게 나타난다.

[병 원인]
편형동물의 흡충류인 기로닥티루스(Gyrodactylus)의 아가미 내 기생에 의한 질병이며 기로닥티루스는 단세대 흡충류로서 충체 내에 유충을 갖는 태생(胎生)이다.

[진단]
뱀장어에 기생 부위가 아가미이므로 아가미 새엽으로부터 150~400배율 현미경으로 충체를 확인한다.

[대책]
치료법은 슈도닥티로기라스(Pseudactylogyrus) 편을 참고 바란다.

6. 닻벌레증

뱀장어의 경우에는 체표가 아닌 구강(口腔) 내의 하악근육조직(下顎筋肉組織)에 깊이 충체 일부를 삽입하여 기생하기 때문에 하악(下顎) 안쪽에 출혈점이 관찰된다. 많이 기생하게 되면 입을 열어도 잘 닫히지 않는다. 순환여과지 내에서 병어를 거의 찾아볼 수 없다.

[병 원인]
기생성 요각류인 *Lernaea cyprinacea*의 아가미 내 기생에 의한다.

[진단]

먹이를 잘 먹지 않고 수면을 힘없이 유영하는 것이 보이면 그것을 잡아서 입을 열고 육안적으로 닻벌레를 확인한다.

[대책]

지수양만지의 경우 잉어와 치료방법이 유사하며 순환여과지 내에서는 트리크로로폰제(약품의 종류 및 사용방법편 참조)를 1주일 간격으로 3~4회 연속 살포하면 효과적이다.

7. 포리스토폴라(Plistophora)증

양식 뱀장어에 있어 옛날부터 알려져온 질병으로서 포리스토폴라 속의 미포자충이 체측 근육 내에 기생하여 생기는 근육융해(筋肉融解)현상이다.

체표면상으로 뚜렷한 함몰(陷沒)이 있어 울퉁불퉁하게 보이며 주로 5~10g 정도의 검둥뱀장어에서 많다. 일반적으로 발생 빈도는 적고 피해도 적지만 식품가치를 떨어뜨리는 것이 문제이다.

[증상]

미포자 영양형(營養型)이 몸측 근육 내에서 발육하여 영양형 내에서 포자 형성이 완료되면 시스트(cyst)는 붕괴해서 포자가 근육 내에 분산됨과 동시에 주위의 근육조직을 융해시킨다. 시스트(cyst)는 통상 많은 수가 집중적으로 형성되어 근육융해가 광범위하게 나타난다.

융해 부분은 다수의 빈식세포(貧食細胞)가 나타나서 영양형의 수량이 그다지 많지 않을 경우 포자는 번식되어서 자연 치유되는 경우도 있다. 그러나 영양형의 수량이 많을 경우 함몰 현상이 심하게 나타나며, 먹이를 먹지 않고 결국 쇠약해서 죽게 된다.

[병 원인]

미포자충인 *Plistophora anguillarum*의 근육 내 기생에 의한 것으로 포자는 타원형으로 크기는 대포자의 경우 6.7~9.0×3.3~5.3㎛, 소포자는 2.8~500×2.0~2.9㎛ 정도이다.

[진단]

중증인 경우, 몸 표면에 함몰이 일어나 울퉁불퉁하게 보이므로 쉽게 구분이 되며, 함몰 부분을 절개하여 150~400배율로 검경하여 포자를 확인한다.

[대책]

아직 확립된 치료방법은 없으나 예방책으로써 병어의 이동을 금하고 병어는 발견 즉시 제거하는 것이 바람직하다. 사육밀도를 낮추는 것도 발생률을 저하시키는 한 가지 방법이라고 하겠으나, 이는 현실적으로 곤란한 상태이다.

발생지는 생석회를 0.5% 농도로 하여 철저히 소독을 하는 것이 포리스토폴라뿐만 아니라 모든 어류 질병원을 죽게 하므로 어병 예방을 위해서는 필수적이라 하겠다.

제4절 어병 치료약품의 종류 및 사용방법

질병의 예방과 치료를 위하여 사용하는 약품은 질병의 종류, 발생빈도 등의 증가에 따라 그 종류 및 수요량도 해가 거듭됨에 따라 증가되어 가고 있는 실정이다.

질병 치료를 위하여 사용하는 약품을 잘못 사용할 경우 고기에도 영향을 미침은 물론 그것을 먹는 사람에게도 지대한 영향을 미치는 점을 감안할 때 약품의 정확한 사용은 중요하다.

이러한 뜻에서 현재 국내 및 외국에서 사용하고 있는 주요 약품의 종류 및 사용방법을 소개함으로써 보다 효과적인 어병 치료가 되기를 기대해 본다.

1. 포르말린(Formalin)

[형태 및 성분]
자극성이 강한 무색 투명한 액체이며, 시약과 공업용이 있다. 이것은 37~40%의 포름알데히드(Formaldehyde)를 주성분으로 하는 수용액이다.

포르말린은 장기보관 시 광선 하에 두게 되면 산화되어 침전되며, 겨울철 야외에 방치하여 두면 백색으로 응결되어 어떤 땐 전량 사용치 못하게 되므로 보관상 주의를 요하고 사용 시에는 반드시 상등액만을 사용하도록 한다.

[치유되는 병] 트리코디나, 킬로도넬라, 백점충 등.

[사용방법]
① **지중 살포** – 잉어, 뱀장어 사육지에서는 30~40ppm 농도 되게 양어지 전면에 골고루 살포하고 24시간 후에 반드시 전량 환수한다. 수온에 따라 사용 농도가 약간 다른 바 20℃ 이상에서 30ppm, 20℃ 이하에서는 40ppm 정도 되게 살포한다.

② **단시간 약욕** – 1시간 약욕 농도로 수온에 따라서 다른 바 10℃에서 250ppm, 15℃에서 200ppm, 20℃에서 167ppm으로 농도를 달리한다.

[효과]
양어지의 수질이나 식물성 플랑크톤의 발생 상태에 따라 살포한 약제의 구제 효과가 다르다. 즉 식물성 플랑크톤에 의해 pH가 높으면 약품의 분해 시간이 빨라 구제가 안 되는 경우가 있으므로 수질을 개선한 후 약제를 살포해야 한다.

2. 황산동(CuSO₄)

[형태 및 성분]

진한 청색이며 결정상의 고체이다. 물에 용해되나 잘 녹지 않는다. 수용액은 청색이며 투명하다.

[치유되는 질병] 백점충, 아가미부식병 등.

[사용방법]

지수식 양어지에서는 사용치 않으며 유수식 양만지나 순환여과지에서 사용한다. 살포 농도는 0.2~0.5ppm의 농도되게 잘 녹여서 살포하고 24시간 경과 후 완전 환수한다.

[효과]

황산동은 실뱀장어에서는 독성이 강하므로 사용을 금하는 것이 좋다. 제초의 효과가 있어 양어지에 녹조류를 죽게 하여 물변화를 일으킬 수도 있으니 주의를 요한다.

3. 메틸렌 블루(Methylene blue)

[형태 및 성분]

자갈색을(紫褐色)을 띠며 시약과 공업용이 있다. 유효성분 95% 이상의 미세 분말이다.

[사용방법]

물에 용해시켜서 농도가 2~3ppm 되게 양어지 전면에 골고루 살포하고 24

시간 후 완전 환수한다. 수생균 또는 백점충 구제 시 통상 3~5일 간격으로 연속 수회 치료해야 효과가 있다.

[효과]

뱀장어에서는 실뱀장어나 검둥뱀장어에서만 사용하고 큰 뱀장어에서는 사용할 수 없다. 제초의 효과가 있어 녹조류를 죽게 하여 물변화를 일으킬 수 있다. 값이 비싸므로 양어지 내 살포는 고려되어야 할 것이다.

4. 트리크로로폰(Trichlorofon)제

[형태 및 성분]

트리크로로폰제에는 수산용으로 마스텐(유기성분 80%)이 있으며 흰색분말 정제이다.

[치유되는 질병] 닻벌레(유충), 물이, 닥티로기라스, 기로탁티루스, 슈도닥티로기라스, 철사충(유충) 등.

[사용방법]

물에 용해시켜 양어지 전면에 살포하며, 일몰 시나 아침에 살포하여야 효과가 있다. 보통 살포농도는 0.2~0.5ppm이고 24시간 후에 완전 환수하는 것을 원칙으로 한다.

[효과]

트리크로로폰제의 구제 효과는 살포 시 사육지 물의 pH에 따라 차이가 있다. 일반적으로 식물성 플랑크톤이 번무해서 pH가 높을 때는 효과가 빠른 반면 빨리 분해되므로 약제 살포 전에 일단 회수시킨 후 약제를 살포하게 하면 효과적이다.

5. 말라가이트 그린(Malachite green)

[형태 및 성분]
염기성 색소로서 녹색을 띠고 물에 잘 녹는다. 시약과 공업용이 있다.

[치유되는 질병] 수생균, 백점충 등.

[사용방법]
0.2ppm 농도 되게 사육지에 살포하면 수생균의 발육이 중지된다. 실뱀장어에서는 0.1ppm 정도 되게 살포한다.

[효과]
독성이 아주 강하고 발암성을 유발한다고 하여 미국 등지에서는 사용을 금하고 있다.

6. 과망간산칼륨(KMnO₄)

[형태 및 성분]
자갈색(紫褐色)의 미세 결정세포로서 산화제이며 시약과 공업용이 있다.

[치유되는 질병] 트리코디나, 킬로도넬라, 수생균, 아가미부식병 등.

[사용방법]
• 지중살포 : 3~4ppm 농도 되게 살포하고 24시간 후 환수.
• 단시간 약욕 : 20~50ppm 농도에서 10~15분간 침적.

[효과]

수중에 녹아 일시적인 산소 공급 효과가 있다.

7. 식염

[형태 및 성분]

입자가 큰 조해성(潮解性) 소금이며 NaCl를 주성분으로 한다.

[치유되는 질병] 킬로도넬라, 백점충 등.

[사용방법]

• 지중살포 : 0.5~0.7% 농도되게 살포하고 24시간 경과 후 환수.

• 단시간 약욕 : 3% 식염액에 10분간 침적.

[효과]

0.2~0.7% 농도이면 식물성 플랑크톤이 죽게 되어 물변화가 일어날 수 있다.

8. 크로르칼키(Chlorkalk)

[형태 및 성분]

유리염소(有離鹽素)를 유효성분으로 하는 흰색 분말로 40~60% 제제(製劑)로서 소독 살균제이다.

[치유되는 질병] 어구 소독, 사육지 소독.

[사용방법]

사육지 소독을 위하여 20~100ppm으로 전면 살포한다. 유효 염소량이 10ppm 이상이어야 살균 효과가 있다. 고기가 없더라도 수차를 가동시키면 소독이 잘 된다.

[효과]

모든 고기는 물론 모든 생물까지도 다 죽이며 소독 목적 이외는 사용하지 않는다. 장기간 유리염소를 사육지 중에 잔류시키지는 않는다.

9. 소석회(消石灰)

[형태 및 성분]

흰색 분말로서 소독 또는 토양 중화제이다.

[치유되는 질병] 사육지 소독.

[사용방법]

1㎡당 40~80g을 사육지 전면에 골고루 살포한다.

[효과]

햇빛 하에서 수일 내에 분해되어 무독화되지만, 사육지에 사용할 시 안전을 위해 사용 전에 시험어를 몇 마리 넣어보아서 독성을 확인한다.

10. 항생제(抗生劑)

[형태 및 성분]
현재 사용되는 항생제는 크로람페니콜(Chloramphenicol), 옥시테트라사이클린(Oxytetracycline), 크로로테트라사이클린(Chlortetracycline) 등이며 주로 경구 투여 방법으로 사용되며 가끔씩 용도에 따라 약욕법으로 사용된다.

[치유되는 질병]
모든 세균성 질병에 유효하며 계속 사용하게 되면 내성균(耐性菌)이 나타나 효과가 전연 없을 경우도 있으므로 사용 시 주의를 요한다.

[사용방법]
• 경구 투여 : 투여량은 어체중 1kg당 약제 50~75mg을 1일 사료량에 혼합하여 5~10일간을 연속 투여한다.
• 약욕 : 약제를 20~25ppm 농도 되게 하여 5~6시간 약욕시킨다.

[효과]
항생제는 내심이 있어 전혀 약제의 효과가 없는 경우가 있으므로 사용 전 약제 감수성 시험을 실시, 결과에 따라 적정 약제를 선택하여 사용하는 것이 바람직하며, 식용어로 낼 것은 출하 10일 전에 약제 투여를 금하는 것이 좋다.

11. 설파제(Sulfa 劑)

[형태 및 성분]
양어용으로 사용되는 설파제는 설파메라진(Sulfamerazine), 설파모노메톡신(Sulfamonomethoxine), 설파디메톡신소디움(Sulfadimethoxinesodium) 등이 있으며 이는 약욕 또는 경구 투여용으로 사용된다.

[치유되는 질병] 각종 세균성 질병 치료에 널리 사용되고 있다.

[사용방법]

주로 경구 투여용으로 사용되며 투여량은 어체중 1kg당 약제 100~200mg을 1일 사료량에 혼합하여 14일간 연속 투여한다. 식용어로 출하할 것은 출하 10일 전에 약제 투여를 중지하는 것이 좋다.

12. 푸란제(Furan 劑)

[형태 및 성분]

어병용으로 사용되는 푸란제는 대부분 물에 잘 용해되지 않는다.

[치유되는 질병] 각종 세균성 질병에 유효하다.

[사용방법]

경구 투여 시 어체중 1kg당 25~75mg을 1일 사료량에 혼합하여 20일간 연속 투여하고, 약욕 시는 10~15ppm의 농도로 되게 하여 살포하고 24시간 후 완전 환수한다.

[효과]

푸란제는 경구적으로 섭취되어도 장내에서 잘 흡수되지 않고 빨리 배설되는 특징을 갖고 있어 항생제나 설파제만큼 치료 효과는 기대할 수 없다.

예방책으로 발병이 예상될 시 1~2개월 연속 투여한다. 푸란제는 직사광선에서 비교적 빨리 분해되어서 효과가 떨어지므로 야외 사육지의 경우에는 해질 무렵에 살포하는 것이 좋다.

판권 사 소유 본

미꾸리·뱀장어 양식

2022년 6월 15일 3판 3쇄 발행

편저자 : 장 계 남
발행인 : 김 중 영
발행처 : 오성출판사

서울시 영등포구 양산로 178-1
TEL : (02) 2635-5667~8
FAX : (02) 835-5550

출판등록 : 1973년 3월 2일 제 13-27호
www.osungbook.com

ISBN 978-89-7336-243-1

※ 파본은 교환해 드립니다
※ 독창적인 내용의 무단 전재, 복제를 절대 금합니다.